A　　KA

あか

青柳文子

FUMIKO AOYAGI

SAN-EI

あか

青柳文子

はじめに

10代の終わり頃ふわっと今の仕事を始めて、20代の終わり頃ふわっと結婚した。子どもも気づけばふたりいる。30代も半ばに向かおうとする今の今までずっと悩んでいる。頑張って思い起こせば確かにあった、こんなに幸せでいいのだろうかという瞬間と、嬉しくてありがたくて涙が出るあたたかな記憶は、鋭利で強い濃度を持った点のよう。そんな点々に大きく花まるをつけてあげられればいいのだけれど、思考の癖のようなものゆえに、これでいいのかとにかくずっと揺れている。しょっぱなから暗めで不穏な空気を感じた皆さん、どうか安心して読み進めてください。私は基本的にはとても剽軽《ひょうきん》な人間です。思考のさざなみに溺れている自分が一息ついた時に世に出しているのが、青柳文子という職業モデルとしている人物像で、メゾンのランウェイを歩くようなファッションモデルというよりは、見た目にも等身大で、パーソナルな部分やプライベートを打ち出しながらやってきたはずのこの仕事を、何年もの間「私生活が見えない」だとか「ミステリアス」だとか言われていた自覚がありました。ところがどっこい、近年の気楽で発達したソーシャルメディアのおかげで、私の中の剽軽さと溺死寸前の両の顔が駄々漏れるようになり「どうやらこの人、思っていたのと違うな？」と感じてきた人も多いよう、というのがこの頃の自覚です。私を昔から見てくださっている方々も、私のライフステージの変化と時を同じくして悩んだり見つけたりしながら歳を重ね、駄々漏れ部分に尋常じゃない共感や熱を帯びた反応がくるようになったこともまた然り。結婚生活や子育ての中で思うことを発信してほしいと言ってもらえることも増え、ゆらゆらと筆を進めています。コーヒーでも飲みながら、お付き合い下さい。こぼしていいよ。

DAILY ESSAY

日々のエッセイ

結婚のこと

結婚って何なんでしょう。結婚してからの方が、そういうことをよく考えるようになりました。子どもを産んでからは特に。結婚前は、子どもを持つなら親がふたり必要と、何の疑問もなく信じていました。私自身はひとり親で育ってきたけれど、いつもおばあちゃんが側にいて、父親的な役割をしていたように思うからです。結婚観についてインタビューされることもあったけれど、今思えば何も考えられていなくて、結婚してみてから〝結婚観〟というものが徐々に仕上がってきました。「結婚＝ゴール、幸せ」みたいなイメージは、誰かに都合のいいように植え付けられてきたものだったかもなとか、なんとなく当たり前にしないといけないもののように感じていたなとか。自分の心で感じ直した今は、本当によくわからないものとなっています。

結婚式で「病める時も、健やかなる時も、愛し続けることを誓いますか」と、わざわざ人前で宣言する必要があるほど、たいそうなことだったんだ、とようやく実感してきました。私の信条でもある、心との対話を丁寧にしていくことと〝誓う〟ということは、こんなに相性の悪いことはないなと思ったり。

とはいえ、結婚って素晴らしいな、と思うこともあるし、悪くないな、一度はしてみてもいいよね、と人にお勧めしたくなることもあります。好きな相手と、一生一緒にいることが赦されるような（誰に）、ちょっとやそっとのことじゃ離れない絆を約束されるような、甘い気持ちを味わえました。

遠い昔の誰かが作った〝かたち〟を、自分たちの手で作り直したい気持ちが今は強いです。だって、その〝かたち〟に苦しんでいる人も多いから。嫁ぐ、婿に入る、なんて、生まれてきて食べるとか動くとか跳ねるとか、そんなことに喜びを覚えた時のように選んできたことではなくって、なんだかとても難しい。そんな高等な文化活動知らなかった。こういうと、お前は動物かよという話にもなるのだけれど、動物です。私がいちばん憧れる生き方は、野生動物が自然界の摂理に沿って生きていくことのように、きらきらと瞳に輝きを宿し、毛並みには艶があり、心身ともにヘルシーに、生命を全うすることなのです。

「結婚できない」「お嫁にいけない」なんて言葉を平気で使ってしまえる人も、まだまだいます。法の定める結婚のかたちがフィットする人にはラッキーなシステムかもしれないけれど、そうしたくない人、そうしたくてもできない人もいて、それぞれに寄り添えていない、日本の婚姻制度に疑問も多いです。こんなに多様な可能性がありフレキシブルな時代に、いつまでそのシステム使うのよ、アップデートしようよと。不倫や離婚をする人だってこんなにも多いということは、きっととっても自然なことなのだろうけど、なんだかとっても悪いことのように扱われて、著名人の不倫報道で仕事を失う様を見るたびに（それが友人や近い人だとなおのこと）、普通に幸せっぽい結婚生活を送るって難しいことなのかなとモヤモヤします。

現代人の生活において、自己実現や仕事や経済力の安定、それに加えて恋愛を、特に女性は子どもを産める身体的なタイミングの中で器用にこなして、産後の社会との関わり方もパートナーとすり合わせ、そこでようやく子孫繁栄ワンチャンきました！　なんて、こんなのほぼ奇跡に近い。そんな奇跡を起こさなくても、何かひとつ大切なものを優先しても、他のことはオプションで手に入れられる何らかの仕組みがあってもいいんじゃないのか。こんなにみんな頑張ってるのにさ。何かを諦めなければ何かを手に入れられないのって本当かな？　私は性懲りもなく、考え続けてみたいと思います。

個人的な話だと、夫婦の仕事のスタイルと子育てへの姿勢には、どうしても着地点を見つけられない不都合があり、子育てのパートナーがもうひとり欲しいのが現状で、三人くらいで結婚できたら良かったと思う。私が夫の姓を名乗ったり、仕事をセーブし家事育児を主体的に請け負うことから派生するジェンダーギャップに耐えがたい時もある。経済的に自立しているふたりに、婚姻と同居の必要性はなんだろうとか。子どものためにってなんだろうとか。結婚の次のステップって、法的には離婚しかないのかなとか。事実婚や別居婚などの可能性を検証して、提案してみたこともあるし、自分たちなりの家族のかたちを試しているところです。

母親になりたくて

子どもをお腹に宿してから、ようやく自分の人生が始まったような気がしました。なんだかずっと所在のなかった自分というものの中に、一本光が渡ったような、根なし草だった自分に、みるみるめきめきと根が張っていくような。

子どもを産み親になることが人生の大きな目標だったので、それまではそのための助走期間として、ずっと準備をしている感覚でした。

子どもに立派な背中を見せたいし、子に恥じるようなことはしたくないし、たくさんのことを教えてあげたい。そのいつかのために、残された時間の限りいろんなことを吸収しておかねばと、ずっと焦燥感に駆られながら、20代を奔走していました。

妊娠中は、自分の中に沸き起こる新しい感覚に驚く、未知との遭遇の毎日。身体は常にぽっとして、なんだかずっと眠くって、フワフワと心地の良い夢を見ているような。恍惚とした表情、って今みたいなことを言うのだな。写真で見ても、その時期の表情は柔らかくて本当に不思議。昔から、街で妊婦さんを見かけると、その神々しさに涙がこみ上げてくることがあったのだけれど、きっとそれが今の自分なのだと思うと、本当に誇らしくて嬉しくて、ずっと妊婦さんでいたいと思っていました。

おなかの中に確かな生命の鼓動がある。それがわかる。どこから漲ってくるのかわからない力というか、勇気なのか何なのか、頑として揺るがないものがそこに現れた。心がどんなにざわめこうがなんだろうが、凪の部分がある。こんなこと今までなかった。そんな凪と共に過ごす毎日は、人生のラッキーボーナスステージのようでした。

出産

初めての出産は、母親の助けを借りながらにしようと心に決めていたので、里帰り出産を選びました。ギリギリまで仕事をして、夫と旅行もして、満を持して故郷・別府へ。温泉観光地であることも手伝って、東京からたびたび友人たちが遊びに来てくれたのも、とても嬉しかった。

人生でいちばんゆったりとした日々、時が過ぎて行くのがとても惜しくて、一瞬一瞬が大切で、人生にそう何度も味わうことのない特別な期間。十月十日は、私に人の祖《おや》となる準備をさせてくれるためにあるんだな、と、妙に自然の摂理に納得する。長すぎず、短くもないような、でもこんなにあっという間に子どもって生まれてくるんだ、もう少しこの甘い時間を過ごさせておくれよ、と、妊娠後期はおなかにお願いしたりしました。

そんな私の願いを叶えてくれたのか、娘はたっぷりとおなかの中を楽しんで、予定日もたっぷりと遅刻してやってきてくれました。分娩中、もう後戻りできない！　という状況が、人生でなにげに初めてかもしれないと気づいて、途中で本当に怖くなったのを覚えています。こんなに痛くて苦しいのに、やめる方法がない、もう産むしかない、と思うと、軽くパニックになった。「鎮痛剤とかないんですか」と先生に助けを求めたら、母に笑われた。「頑張れ！」と傍で応援してくれていた母と夫を、集中できないからと、後半は分娩室から追い出した。分娩にはその人の本質が顕れるというけれど、我ながら冷たい人間だなと思った。

陣痛から24時間以上経ってもお産が進まず、もう二度と出産なんかしてたまるかというほど疲れ切っていたのだけれど、今日中に産んだら夫と誕生日が同じになるという日で、私は何とか今日のうちに！　と頑張っていた。結局、そんなこちらの思惑などお構いなしに日を跨ぎ、その時点ですでに、子どもは親の思うとおりにはならないよ、ということを暗に示されたような気がした。

いよいよ生まれそうになって、ようやくふたりを連れ戻してもらった。痛くて痛くて死にそうなのに、その痛みが最大の時に、さらに上回る最大の力を入れないといけない。本当に死ぬかも。〝必死〟とはこのことを言うのか、と初めて知った。

世界一、静かな出産風景だったと思います。声を出すと力が抜けるので、目を瞑り歯を食いしばり、夫と母に見守られ、静かに何度も何度も力を込めた。「はい、もう大丈夫ですよ」と聞こえて数秒後、人が初めて呼吸をする音がして、産声。

あかちゃん。わたしのあかちゃん、やってきた。

大切にしたいものごとほど言葉に表せないし、簡単にはしたくないのでその時の気持ちはここには書けないのだけれど、娘の姿を初めて見た時のこと、はっきりと覚えている。お医者さんの手から私の手に移り、その肌に触れた時の艶かしさや温かさも、初めて胸の上で抱いた時の感情も。思い出すと涙が出る。

ひとつ言えるとしたらそうだな、あれから4年経った今、娘が私に、まだ文字になっていない文字で手紙を書いてくれる度に「なんて書いたの？」と聞くと、決まって

「ママへ　いてくれてありがとね　たのしいよ」

といつも同じことを言う。何言ってるんだろう、本当に。そんなこと、私の方がいつも思ってるよ。ママのところに来てくれてありがとう。

生まれる瞬間を母が撮影してくれており、見返すと、ずっと隣で手を握ってくれていた夫が、産まれた直後に涙を流しているのが映っていた。それは私の人生のハイライトになるんだろうな。夫の涙を見たのは、今のところその時だけだ。私も絶対に泣くだろうと思っていたけど、疲れ切ってそんな余裕はなかった。早く眠りにつきたくてたまらなかった。本番が始まった。

産後から今の今までは怒涛で記録なし。これは少し後悔。初めての出産って一生に一度しかないんだな、まだ覚えているけれど、その時の瑞々しい感情ではもう書けなさそう。皆さんには、なんでもいいから記録しておくことをおすすめします。いや書いてるか。世のお母さん、みんなけっこう器用だもんな、本当すごいよ。

ちなみにふたりめは、フリースタイル出産をしてみようと、東京の助産院ですることにしました。ひとりめの時に、分娩台の上で仰向けで何時間も苦しんだのが辛かったので、次はおばあちゃん家のような畳の部屋のお布団の上で。動物がお産をする時のような薄暗さの中、夫にしがみついて産めて、すごくいい思い出になった。これについてはまたいつかどこかで。

子どもが増えて、ふたりと夫がベッドで並んで寝ている光景を見た時に初めて、ようやく〝家族感〟出てきたな、という感想を持った。自分たちは〝夫婦〟であるというよりも〝父と母〟である実感がわき、役割がはっきりとした感じがした。なんかいいかも。

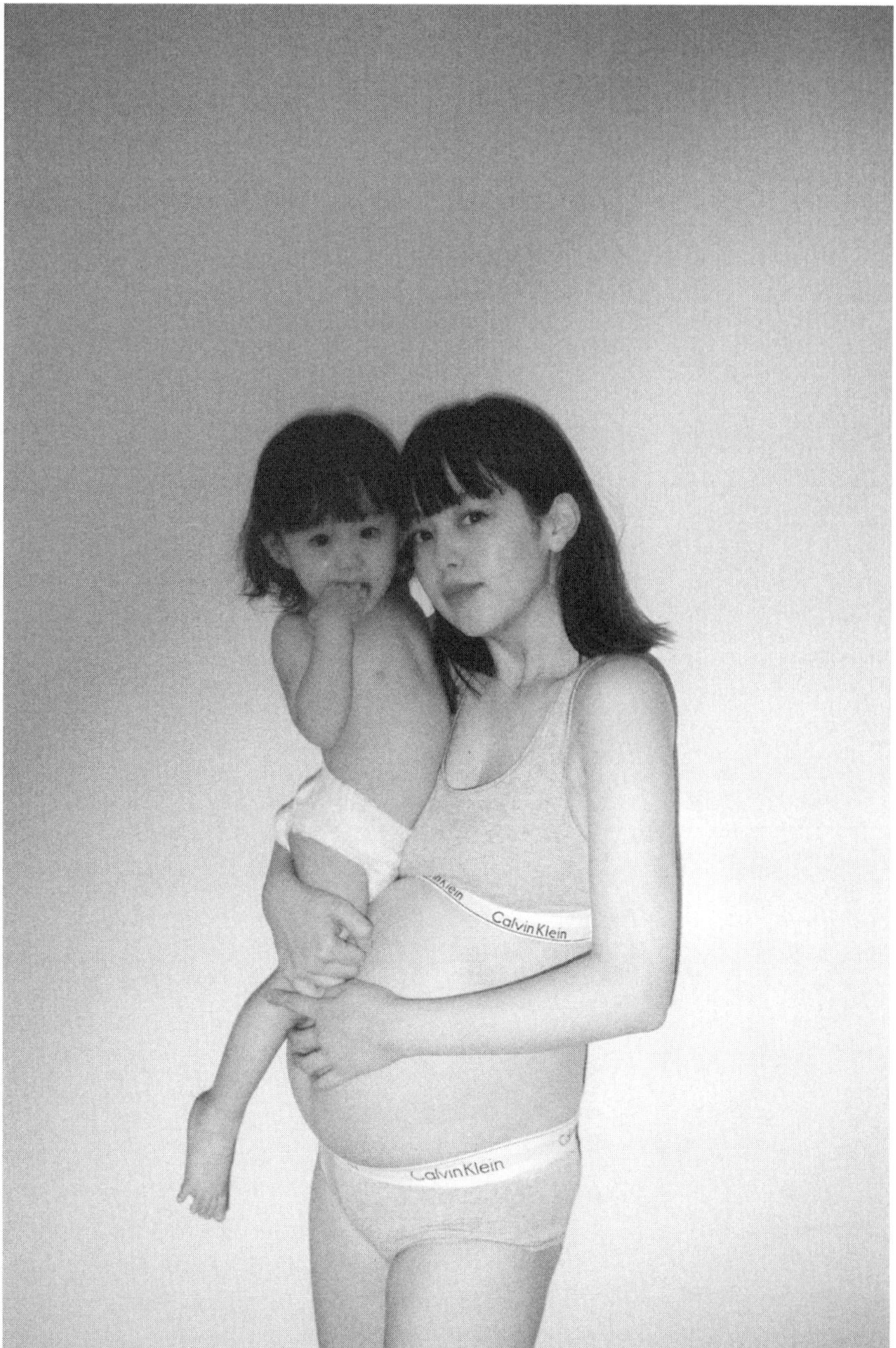
Calvin Klein
Calvin Klein

暮らし

二十代の頃は、好きな時に好きなことをして好きな場所へ行き、すべて自分のために過ごしていたけれど、子育て生活も早四年、子どものおかげで規則正しく健康的な生活を送るようになり、大人になって初めて暮らしの中にルーティンができました。以前は、ファンの方に「ルーティンを教えてください」と言われて「普通は生活の中に規則性があるのか！」ということをそこで初めて知ったくらいイレギュラーな毎日でした。それはそれで楽しかったのですが、自律神経が乱れたり、体調を崩すことも多かったので、ルーティンのある暮らしというものは、なんだか真人間になったような気分で嬉しくもあるので、ここに紹介いたします。

七時半　🕐子どもに起こされるが粘る
八時　🕐起床、朝食、お弁当づくり、身支度
九時～九時半　🕐娘を幼稚園へ。週数回は息子もプリスクールへ
十時　🕐洗濯、掃除、植物の手入れなど

・ゆっくりな時

十一時　🕐息子と公園へ
十三時　🕐昼食（公園でそのままピクニック多め）
十四時　🕐お迎え、そのまま公園や買い物、お出かけしたり

・仕事が忙しい時

十時　🕐撮影があれば現場へ。オンラインミーティングやメンテナンスも
ここで。とにかく高速で駆け回る

十八時　お迎え
十九時　夕食
二十時　お風呂、歯磨き、絵本の読み聞かせ
二十一時　寝かしつけ（ここで大体寝落ちして二時ごろまで寝てしまいがち。その場合起きて仕事が残っていれば済ませ、明け方寝直し）
二十二時　残りの家事、片付け、子ども関係の作業、残りの仕事、ＳＮＳ更新、雑務、終わり次第自由時間♡　映画鑑賞など
二十四〜二時　就寝

ざっくりとこんな流れで落ち着いてきました。子どもが二歳頃までは、もう少しイレギュラーかつハードな日々だったけれど、自分の足で歩いてひとり遊びも会話もできるようになった今は、子どもと過ごす時間が楽しくてしょうがありません。５キロにも満たない新生児を抱えるだけで腱鞘炎になっていた腕も、抱っこ紐で一日歩けば悲鳴をあ

げていた腰も、筋力がついて逞しくなり、体力に自信がなかった自分も、今では年に一度風邪をひくかひかないか程度になっているので、つくづく母親ってすごい、と我ながら思う。

とはいえ、子育ての本当の大変さはその連続性にあり、このフル稼働ルーティンを毎日まじめになぎ倒していくと、私の性格上、ときどき発狂しそうになります。なので時にこれを大きく無視して、その時々で求める何かを盛り込んでいくと、水を得た魚のようになる自分がいます。もちろん、公園で子どもと遊ぶ日々に小さな成長を見たり、新しい発見のある喜びはものすごくて、この上ない幸せ。なのに、なのに、私という人間はそこはかとなく欲張りで、時折、穏やかすぎて不安になってきて、なんか……何か違うことをしなくては！　したい！　と新たな欲がわいてくる。まあこれは、常に何かを発信しなければいけないような、何か引き出しにコンテンツを用意しておかねばという職業病なのかもしれないけど……。

どうにか時間を作ってでもしたいことが、自分が本当に求めているものなのだと知れたのは、妊娠・出産の副産物でした。独身時代に時間のある中でしていたこととはまた意味合いが違ってくるし、それができた時の喜びもひとしおで、ありがたさが桁違い。それに、大きなお腹のおかげで、したくてもできないことが増えて、その分、産んだら絶対に叶えてやるぞ、とやりたいこともたくさん生まれました。専業主婦のような暮らしもふわっと夢に見ていたけれど、もっと仕事がしたい、という新たな目標も生まれました。

暮らしの土台をしっかりと固めたうえで、片脚を家庭に置いたまま、片脚をどこまで伸ばせるかに挑戦するのも楽しい。時折は、子を抱え両脚そろえて遠くまで飛んで行き、帰ってくるのもまた楽しい。帰る場所があるって、こういうことか。

羽の伸ばし方

「青柳さんの羽伸ばし方法を教えて」という声も結構いただくので、たいしたことではないけれど、紹介いたします。自分の時間がなかなか取れない中でも、本を読んでいる時と映画館に行くチャンスにありつけた時が、いちばん興奮しているかもしれません。新しい何かを体の中に取り込んでぐるぐるさせて、それがまた言葉になって出てくる瞬間がとても好き。側から見たら誰も気づかないであろう、心の奥底からすんすんと湧き出るものを自分だけが感じているその状態って、ものすごく幸福です（でもやっぱりそれを誰かに共有したくなって、人と話したいし、会いたいなと思うわけだけど。この感覚を同じ温度で「そうだよね、わかるよ！」となる人って身近にはなかなかいなくて、私はこの仕事ができていて本当に良かったなあと思う。インターネットや出版物を通して世界のどこかに、大きく首を振って頷いてくれる誰かがいると知れた。いつもみんなありがとう）。

あとは乗馬。妊娠中に住んでいた家の近くに乗馬クラブがあって、そこでお馬の姿を見かける度に、子どもの頃受けた乗馬レッスンや、北海道にいた頃の週末みんなで森林の中を駆けた楽しさを思い出し、乗馬欲が尋常じゃなくなっていました。でも妊婦だからできない。フラストレーション鬼の如し。今まで行こうと思えばいつでも行けたのに、どうして行かなかったんだろう。妊娠中は制限されることが他にも多くあったので、やりたいことは、チャンスがあるうちに行動に移さねば、という教訓を痛いほど胸に刻んだのでした。「もう一度基本から習い直したい……身軽になったら、どんなに大枚を叩いてでも行ってやる……」と胸に誓い、産後動けるようになってから、すかさず乗馬クラブの門を叩きました。

子どもがまだ寝ているうちに、寝起きの姿に乗馬パンツ、そしてバブアーだけ羽織り、スリッパのまま走って行き、数十分だけ馬と戯れ、とんぼ帰りで帰宅後すぐに授乳！

という切羽詰まった朝の動きはなかなか楽しくって、いかにも「自分のためにストイックに時間作ってます」みたいな達成感もある。もちろん頻繁には行けなくて、だからこそ行けた時の充足感はものすごい。無理矢理にでもこういう自分だけのための時間を作って、健康で文化的な最低限度の生活を送ることは、これからも死守していきたいです。最低限度が贅沢だという声が聞こえてきそうですが、いいじゃないか、全子育て中の民の最低限の文化的生活の底上げを図っていこうよ！　みんな頑張ってるんだからさ！　バチ当たらないよ！（「乳飲み子がいるのに乗馬？」と思われないか、世間の目が一瞬怖くなって、ＳＮＳにいちいち「今日は夫に子どもを見てもらって」と一言添えて載せたりしていたけど、今思えば謎の言い訳は要らなかったな。誰に向けてたんだろう。今もあるよね、「写真撮るためにこの時だけマスク外しました」とか「ソーシャルディスタンスを保ちながら遊んだよ！」とか、わざわざ書く現象。見えないネットポリスに勝手に取り締まられるのやめようぜ、もう。ネットポリスにも国家試験作ってくれえ）。

他にも、日々の楽しい逃避行、いや逃避行なんていうとネガティブだけど、子育てで大変な日々をいきなり楽しくするアイデアは無限に持っています。いいですか、皆さん。もうだめだー！　ポーン！（我慢の限界を越える音。または頭のネジが外れる音）となった時は、すぐにできるだけ最大限に自分の心が喜ぶことをしよう。

私の場合、日々のルーティンに組み込めるものだと、まずは外食。子ども達との外食は本当によくします。二歳頃までは食事にこだわりすぎて自由度があまりなかったけれど、今は私の許容範囲も拡がり、食べられるものが増え、食べこぼしや泣いてお店に迷惑をかけることも減ってきたので、ご飯を作る時間も体力もない日は、すぐさま外食！時にUber Eats。忙しい時は二、三日に一回の出前も許せるようになりました。

カフェでゆっくりお茶をする、というのも子どもと一緒だと意味合いが違ってきて、とても幸せな時間になるので好きです。娘は「カフェでお茶」という概念がもうわかっているようで、娘と息子のお迎えの時差の間に、私はコーヒーとケーキ、娘はホットミルクとスコーンを頼み、幼稚園での出来事を聞くのが私の最高の癒し時間になる。これができるようになったのは、早かったような、ようやくなような、子育ての本当に大変な時期って一瞬だったんだな、と思ったりする。と同時に、過ぎていった日々と、その時々の今より小さな子ども達に会えることはもうないんだな、と切なくなったりして、今この瞬間を目に焼き付けて大切にしよう、といつも思う。おうちで料理をや洗い物をこなしながら、洗濯機を回しながら、明日のことを考えながらだと絶対に生まれない、ほくほくとした感情を大いに味わうわけです。

銭湯もたびたび行きます。近場の銭湯は娘も違いを網羅しており「○○の湯に行こう」と自ら誘ってきたりもする。私は自宅のお風呂時間だと、ついついトリートメントをする間に周囲の掃除をしたり、洗濯物や子どもの靴を手洗いしたりと慌ただしくしてしまう。気づいたら身体が冷えて、でも子ども達は湯船に浸かって温まり切った頃で、もう出なくちゃ！　となることばかりだけど、銭湯なら何もかも忘れて熱いお湯に浸かってぼーっとできる。地域のおばあちゃん達との会話も楽しい。私が旅行客の多い温泉地出身で多様性に触れ育ってきたから、子ども達にも早い時期から、世の中にはいろんな大人がいて、いろんな身体があって、それが裸で一堂に会すという文化は味わわせておきたい。

もっと計画的にできるなら、迷わず旅行。夫の連休があればすかさず計画します。たまにしか行けないけれど、常にそのアイデアは心に持っていて、次はどこに行こうと考えてはよく心を躍らせています。夫が行けなくても、友人親子と旅行したり、ヨーロッパだって行けたわけだし、これからもフットワーク軽く、いろんな場所に行きたいな。夫がそういうことを自由にさせてくれる人で良かった。ありがとう。

とまあ、いろいろと挙げてみたけれど、要は心にやさしい時間を作るということだな。魂が高鳴るような。私はこの魂高鳴りタイムを取れない現象に敏感で、自分の中に新しい風が吹いていなくてぬるい、空気が澱んでいる、苦しい、窒息しそう、となるのですぐに対処するけれど、この感じをもやもやと抱いたまま日々を送っているお母さん、お父さん、もしかすると結構多いんじゃないのかなと思ったりする。もちろんそれを問題に感じていなければいいけれど、もしそれに悩んでいる人がいるならば、私は自分の発信を通してそこにぴゅうと突風を巻き起こしてあげたい。いや、そよ風でいいか。ふぁっと空気を入れ替えて、呼吸をしやすくさせてあげられたなら最高だな。そうやって、自分のやるべきことを思い出したりもする。やるべきかも求められているかもわからないけど、私はそうしたい。勝手に。そのためには自分のまわりの空気を常に清浄にしておかないといけない。その作業と時間の確保には全力で挑んでいます。

一応、同世代や若い女性に見られながら共に歳を重ねてきたつもりはあるので、青柳文子が、お母さんになってもいかに軽やかに楽しく好い加減でいられるかを見せることは、なにげに大事なことだと思っていて、ある種の責任も感じてます、本当に勝手に。私の所属している事務所でも、自分は初期のメンバーで、後輩の若い子達にも、ライフステージが変わってもキャリアが狭まることなく、むしろ道は広がるから安心して歩んでいってね、という願いもある。求められてないかもしれないけど（笑）。というのも、私が出産で仕事をセーブしないといけない時、不安が少なからずあったから。私は暮らしぶりそのものが仕事につながったりするからまだ良かったけれど、世の多くの女性は、数年といえども仕事を離れることによって、その後のキャリアが危うくなるかもという不安はあるだろうなと……。だから私をメディア上で見かける人に「あいつ結婚しても、子ども産んでも、自分のことばっかやってんな。自由だな～ちゃんと子育てしてんのか？」と思われれば、逆にこっちのものだと思っています。子育てもキャリアも両立しながら、楽しくやれるという証明になるから。難しいけど、そうしたい……。

親というのはいつの時代も、自分を犠牲にして子どものことを第一優先にする生きものだと思うので、子どもが成人した時に〝気づいたら歳ばかりとって、ぽっかりと穴の空いたような私の人生、さてこれからどうしよう現象〟を起こす人が現れないように、私がひとつ、べらぼうに好き勝手するサンプルのひとつとして存在していたい気持ちも少しあったりします。好き勝手だと言い方悪いか。でも限りなく自由でいられると信じているし、証明したいし、体現したい。

心が本当に欲しているものが何かということを、おざなりにせず、ちゃんと感じて生きていきたいなあと思います。

底辺でいさせて

好き勝手するサンプルの話で言うと、昔、後輩が遅刻して現場に入った時に「すごく焦ったけど、青柳さんがもっと遅刻してきて安心した」と言われたことがありました。だめだね。わかってる、わかってるよ。風紀を乱してるけどさ、時にそんな謎の安心感を与えてくれる存在がいてもいいじゃない？　みんな完璧な世の中なんて苦しいよ。

他にも、ＳＮＳに愚痴をこぼした時に「青柳さんでもそういうことがあるんですね、救われました」というコメントが来ることは結構ある。そこで私は学んでしまったのです。底辺のサンプル需要、あるな？　と。

私がたびたび出演させてもらっている映画の監督、今泉力哉さんもいつだったか『底辺でいさせて』という個人ＨＰをされており、それを読んで底辺でいることの意義を知ってしまったのです。自分より下の人がいないことで甘えさせてもらいたい訳ではなく、誰よりも偉ぶらない、驕らないという意味で、常に自分は底辺にいるという自覚を持って、あらゆるものを敬っていたいということなのかなと、私は解釈したのでした（「えっ？何言ってるの、ちゃんとしろよ」って……？　すみません）。

まあ、そんな感じでいると、なめられることもあると思うけれど、そこは自分の中に信念があるので全く気にならない。むしろ、自分を見くびる相手を、見る目のない人だとして、人付き合いをするうえでの踏み絵的に使うという方法もある。ある意味ふるいにかけるというか、手がかりにしてしまえばいいのだ。底辺から見上げる世界。高みの見物ならぬ低みの見物。悪くない。

お金の話

私の暮らしをＳＮＳで垣間見ているフォロワーさんから「財力の違いを感じてしまいます」と言われたことがあります。これは確かに、私も他の芸能人の暮らしを見ていて「そりゃそれだけの知名度があれば、そんな暮らしもできるよね」と思うことがあるのでちょっとわかるのですが、私の場合は……お年玉もため込むタイプだったし、高校生の頃からひたすらバイトして貯金し続けてきてるからさ……！　と言いたい気持ち。あと大人になってからはそれなりに頑張ってるんだ……！　と。

でも、そんな自分もお金に対する考えがだんだんと変わってきて、今はなんでも〝所有すること〟に興味がなくなってきて、持っていても使わないと意味がないし、どんどん有意義なことに使っていこう、そして生まれたものを何かに活かして、どんどん循環させよう、という姿勢になりました。子どもが小さくて手がかかるうちは、お金で解決できることは積極的にした方が、長い目で見た時にいいという考えにもなりました。たとえば家事を外注すれば、その分子どもと過ごす時間が増える。タスクが山積みでイライラするママに相手をしてもらえないよりも、彼らの幼い記憶に笑い合った思い出が増える方が、ずっといい。

身の回りのものの選び方もそう。食べものは特に、直接身体を作るものだから、安全で栄養価の高いものを妥協せずに選びたい。そうすれば病気になって医療費がかさむこともないし、私も仕事をキャンセルしなくて済みます。健康な身体は何にも代えがたい価値のあるもので、それが数十円、数百円の違いで得られるのであれば、結果的に安上がり。日用品や洋服や家具も質の良いものは長持ちするし、飽きるどころか使うほどに味が出て愛着もわく。子ども達もそれと共に成長していくことは、心の豊かさの面で計り知れない価値があると思います。

自分の見てきた世界、触れてきた言葉、身近にあるもの、まあ一言でいえば環境ですが、人付き合いにも大いに関わってくるし、素晴らしい出逢いにも繋がります。無意識だとしても質の良いものに触れていれば、大人になった時に、次は自分で素晴らしいものを生み出せる可能性も高まるだろうし、それをまた誰かに伝え繋げてほしいという想いで、お財布の紐は緩急をつけながら調節しています。特に私は不安定な仕事をしているし、月の収入が倍以上違うなんてこともなくはないし、使い過ぎさえしなければ、あとは自分の頑張り次第でどうにかなると信じています。それがモチベーションにもなるし、子どものためだと思えばなんだってできる。母強し。

保育園探し

そんな考えをいちばん適用したのが、息子の保育園探しの時でした。娘が幼稚園に通い出してしばらく経った頃、息子を平日ひとりで見ながら仕事を両立することに限界がきていて、週に何回かでも定期的に預けられたらな、と考えていたある日のこと。いつものように息子と公園で遊んでいたら、園内にある池で思いっきり遊ぶ子どもと大人の集団がありました。大人は外国人も混ざっていて、子ども達も英語で会話していたので、「インターナショナルスクールの遠足かな？」と思いながら眺めていました。するとそこに、制服を着た日本人の大人ふたりに連れられ、整列して他の保育園児達がやってきて、遊具で遊び始めました。私は息子と鬼ごっこしながら走り回っていたので、池の子達と遊具で遊ぶ子達の、どちらの集団をも近くで密かに観察していました。これは個人の性格の違いももちろんあるけれど、とにかく遊具の子達はお行儀よく、静かにおしとやかに、充分すぎるほど安全に配慮されながら遊んで、一時間も経たないうちに、また整列して帰っていきました。いつも色々な公園で見かける他の保育園児となんら変わらない遊び方です。おそらく以前息子が通っていた園も、こんな感じ。都会の園庭のない保育園のお外遊びはこんなふうなのは知っていたので、そこに、池で大はしゃぎして遊ぶ対照的な子達がいなかったら、特に何も思わない光景だったかもしれません。というのも、池の子達と遊ぶ先生達が全員（全員ですよ⁉）、洋服も髪もすべて水浸しで、こんなに全力で遊ぶ先生いる⁉　と、度肝を抜かれていたのです。池からあがった後も、女性の先生でさえ公園の水道でそのまま顔を洗っていたのを見た時には、本当にびっくりしました。そして、そこで交わされる園児とのやりとりと、表情のはつらつさと輝き。そこだけ異次元。あまりに良い〝気〟を感じて、目が釘付けになりました。自分が子どもなら、こんな先生と遊びたい。園児達は助け合いながら淡々と着替えを済ませ、違う遊びを始めていました。違う遊びに移る時も、決して収拾つかない感じもなく、終始マナーを守りつつ子どもらしく元気に遊んでいる。すごく自由なのに、調和がとれていることに感心しました。

なんだか良いもん見たな〜と思いながら、私達は一度公園を後にし、お昼ご飯を食べ、買い物を済ませ、帰りにまたその公園の前を通ったところ、えっまだいる……！　結構な時間が経っている。私は今まで数十カ所、あらゆる園見学に行ったけど、こんなに長時間外で遊ぶ園には出会ったことがなかった。思わず「どちらの園ですか？」と聞くと、以前少し調べたけれど保育料が高くてスルーした近所のプリスクールだとわかりました。その後も、日々いろいろな保育園のお外遊びに遭遇し、まだ遊びたいのに強めに手を引かれ叱られながら園へ帰る子や、表情の冴えない保育士さんに出会うたびに、あの対照的なふたつの園を目の当たりにした日のことが思い起こされました。自分が学生時代に感じた、いつも何かを制されるあの感じ。子どももこんな早いうちからその洗礼を受けるのか、もやもやモヤモヤ、と考えるうち、だんだん心にこんな想いが芽生えてきました。あのふたつの園がもし同じ保育料だったら？　親として子どもに用意してあげたい環境は明らかだな。私の場合、頑張れば頑張るだけ収入はあがるのに、私の都合でそこを妥協するのはどうなの？　お金のことは一旦忘れて、まずは見学してみよう、と。行くか行かないかは別として、選択肢を広げてみよう。そこに良い空気が流れていたら、その時考えよう。

そうしてこれまでスルーしていたインターナショナル園からバイリンガル園まで、いくつか見学に行きました。結果、あの時公園で見かけた〝先生びしょ濡れ水遊びの園〟が諸々の条件も合ったので、週に数回通ってみることに。あの時の直感を信じてみよう、子どもに合わなければやめよう、という気持ちで。

園生活についてはまたどこかで話せたらと思うのですが、とにかくお金が理由で何かに迷った時は、もしコストが同じだった場合どちらを選びたいか？　という視点はものすごく大事にしています。自分の直感と本質的に求めているものは、常に意識しておきたい。なんか、ファイナンス系の新書みたいな話になってる？

幼稚園探しとこれから

保育園の話が出たついでに、娘の幼稚園探しについても少し。待機児童問題と対峙しながら保活を始めた頃、たまたま近所に私の所属事務所の企業主導型保育園が開園され、なんてありがたいことかと、しばらくはそこに通わせてもらっていました。でも、昔からシュタイナー教育を受けさせたいかもな〜とふんわり考えていたので、三歳になる頃に幼稚園探しを始めました。ものを決めるときにはあらゆる選択肢を検証してから決めたい方なので、地域の公立園をはじめ、シュタイナーやモンテッソーリ、レッジョ・エミリア教育など特色ある園まで、23区内外とにかくたくさん見学しました。その教育方法についても勉強しながら。30園以上は行ったんじゃないか。ヒマか？　見ていると、こんな環境に子どもの身を置いてあげたいという画がだんだんはっきりしてきて、私の中ではそれが

・外遊びや泥んこ遊びなど、自然に触れる機会の多い園
・保育士さんの表情が穏やかでひらけていること
・給食にこだわりがある、またはお弁当
・できれば園庭がある、なければお散歩にたくさん行く園

このように定まってきました。この中から、実際に触れてみた施設の空気感とほかの要素をすり合わせ、引っ越しも視野に入れていたので親目線でも住みたいと思える街か、実際に住める物件があるかどうかも並行して探しました。最終的には直感的に気に入ったシュタイナー園に申し込み、今、元気に園生活を送っております。娘は園が大好きで、息子も時期が来たら同じ園に入れようと思っています。血眼になって一生懸命探して本当に良かった。そして今は、小学校以降はどうするか？　を考え始めていて、また血眼学校見学の日々を始めないとなと思っているところです。日本の義務教育をしっかり受けるか？　それはどこで？　海外は視野に入れる？　家庭教育という可能性もあったり？　最近知ったワールドスクーリングというものが、私がしたいライフスタイルに

フィットする予感がしていて、気になっているところ。子どもにとってより良い環境を探すため、お試し移住の計画も始めています。いざとなったら、私の仕事を変えるのも楽しそう。言葉が話せる年齢になってきたので、子どもの要望を聞きながら。親というのはやることが尽きないね。あー楽しい。これからも、揺れながら、ときめきながら。

TRAVEL TO GERMANY

母と子、ドイツへ

2019年の夏　ドイツ

小学生の頃からの親友がミュンヘンに移住して子育てをしていて、すごく住みやすく子育てしやすいから、いつか遊びにおいでよーと、ずっと言ってくれていました。多感な時期に登下校を共にし、お互いお兄ちゃんカルチャーの中で育ち、音楽やファッションの話が合う数少ない友人のひとりで、価値観も遠からずな彼女が、しきりに〝子育てしやすい〞というその国が、気になる気になる。

仕事との折り合いや子どもの成長、季節なども含め、いつ行けるかな？　とずっとタイミングをうかがいつつ、先延ばしにしていたのですが……夏、夫の出張などが重なり、いわゆるワンオペ育児が続いたことで、心身共に疲弊していた私は、日本の暑くジメジメした夏をヒーヒー言いながら暮らすよりも、ぴゅーとドイツに渡ってしまい、涼しく整った環境で、気心知れた、同じくワンオペ育児を頑張る親友と暮らした方が、楽しいしストレスないのでは⁉　と思い始めたら、いてもたってもいられなくなってきた。

ドイツは環境先進国と聞いていたので、それがどういうものなのかもこの目で見てみたかった。今後の人生の拠点をどこに置くか？　というのも目下のテーマであったし、この先自分がどういう場所に住みたいのか、子どもにとって、より良い環境はどういうところかを知るのにもうってつけ。幸いにも仕事は調整できそうだし、娘はなんでも食べられるようになってきたし、息子の離乳食も始まる前で食事のストレスもない。娘はベビーカーに大人しく乗ってくれるようになっていたし、息子はまだ軽いから抱っこ紐での移動が楽なギリギリのタイミング。今しかない！　と一念発起、ドイツ行きの片道チケットを手配したのでした。

向こうで子どもが病気になったら？　などの心配はあれど、実際にそこで暮らしている日本人ママとの生活は、想像するだけで心強く、普段から

強靭な体力と免疫づくりに精を出していた私としては、医者にかかるほど体調を崩すことは考えにくかったし、そうさせない自信もあった。他にも、現地での食事や移動、衛生面から周囲への迷惑まで、起こりうる問題を最大限にシミュレーションし、解決策をある程度用意して、母子海外生活の不安を拭っていく。すると、大抵の問題は、「これ、日本にいても起こるな？」と考えられるものだったので、その可能性を懸念して行かないよりも、それ以上の体験が待っていることが容易く想像できた。

現実的な問題としては、おそらく多くの人が乳幼児連れの海外旅行を諦めるであろう足枷、第一関門〝あかちゃんとの長時間フライトどうしよう〟問題。数時間なら経験済み。でも、その時は夫も

いたので、私ひとりでふたりを見るのは不安がすごい。

12時間か……。泣いたり騒いだりする可能性を、限りなく低くするしかない。昼寝と夜寝る時間を計算し、昼過ぎ発の便に。これが大正解で、離陸してすぐにふたりは昼寝。ぐっすり寝て起きたらご機嫌で、食事したり、機内を散歩したり、手遊びやおもちゃ、スマホに保存してきたコンテンツを使うなどして、子ども達を飽きさせないように注力した。ここは母の腕の見せどころ。普段から子ども達の機嫌の取り方、気の引き方、笑わせ方は熟知している。日々のワンオペの賜物であります。持ちうる全アイデアを駆使していると、気づけばすぐに夕食時間、そしてすぐさま就寝時間。寝ついてしまえばありがとう、到着まで爆睡してくれました。

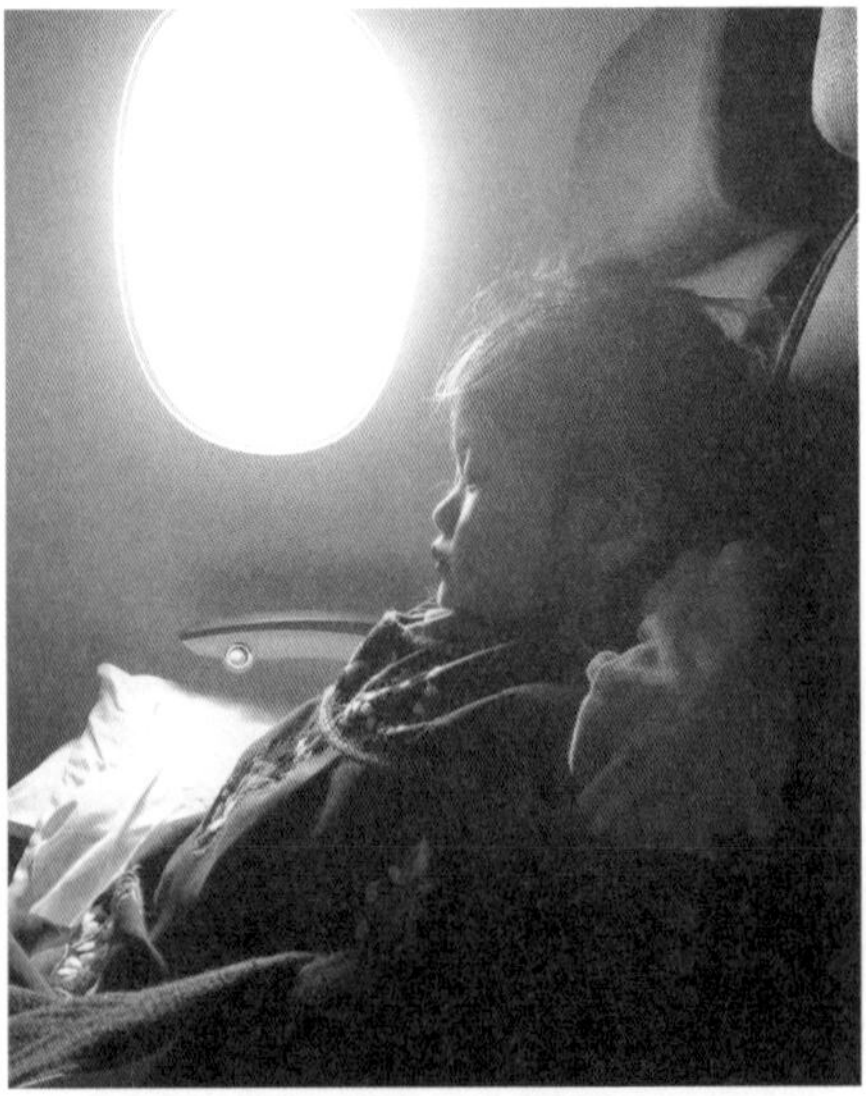

日本時間の明け方、ミュンヘンに到着し、友人と落ち合う。ひとまず長旅の疲れを取るため彼女の家へ直行。そこはキッチンを挟んでリビングと寝室に分かれていて、リビングをまるまる我が家族に一か月貸してくれるという。大感謝。

この時点で、親子旅の最難関はクリアされ、12時間のフライトでも、母親ひとりで行けた事実を自分史に作ったことで、私の母生活の未来は明るい！　着いてしまえばあとは日本と同じように生活すればいいわけで。こうやって少しずつ、自分で不自由を自由に変えていく作業は、今後も丁寧にやっていきたい。

傍から見れば少し突拍子もないお母さんかもしれないけれど、事をひとつずつ分解していけば、なにもおかしい行動ではないのだよね。

ミュンヘンでの生活は、噂にきいていた子育てしやすさの片鱗を、着いてすぐから感じることの連続でした。

街中にはトラムがくまなく走り、ベビーカーや車椅子のためのコーナーがかなり広く取られている。入口で少しもたつこうものなら、すかさず誰かが助けてくれる。これは旅の間ずっとそうで、とにかく助けてくれる、助けてくれる、助けてくれる。エレベータもエスカレータもないメトロで困っていたら、女性がひとりでベビーカーを担ぎ階段を全て上り切り、電車内まで運んでくれた時は、もう涙が出そうでした。東京では、どんなに駅の中で立ち往生して助けてオー

ラを出していても、誰も見向きもしてくれないよ。うれしすぎて持ち金を全て渡しそうになったね。それは嘘だけど、とにかく親切。親切？　これが本来当たり前であってほしいのだけど。友人曰く、ドイツには困っている人を助けないといけない法律があるらしい。ネットで少し検索してみたところ〝善きサマリア人の法〟というものを見つけた。【災難に遭ったり急病になったりした人など（窮地の人）を救うために、無償で善意の行動をとった場合、良識的かつ誠実にその人ができることをしたのなら、たとえ失敗してもその結果につき責任を問われない】ほう。なるほど。それに倣ってなのか、【救護が必要な人に応急処置を提供しなかった場合、刑法３２３条に基づいて処罰される。ただし、状況が悪かったり、応急処置が提供できなかったことで救護できなかった場合は起訴されない。また、応急処置を施したものは、ドイツの法定傷害保険の対象とされる】――これのことかな？

日本ではなぜこんなに他人と距離があるのか？みたいなことをＳＮＳで発した時に「知らない人に話しかけて不審がられたら嫌だからです」という答えが返ってきたことがある。これには、そうか、不審者に見られることもあるのか！　と、

目から鱗だったけれども、先述したような法律があって、それが日常レベルでも活きていて、誰かを助けるのが当たり前で、助けられることも然り、という価値観の中で暮らしていると、こうなるのか……と感心。日本では難しいのか、どうなんでしょう。時間はかかるかもしれないけど、そうなっていってほしいし、草の根でもいいから自分の周りからでもそういう空気に変えていきたいなと思った。

日本では、子ども達と公園に行くのが、私の日々ルーティンですが、ミュンヘンでの日常でも同じで、ちょっとした広場から公園まで、遊べそうな場所を見つけては、子ども3人と遊んでいました。そこで気付いたことが。なんだろう、何かが東京のそれとは圧倒的に違う。日本に帰ってからも注意深く見回してみたけれど、やっぱり全然違う。まず、私が当時住んでいた渋

谷区のビル間に突然あるような、小さな公園は日向が少なく、雰囲気が違うのはまあ仕方ないけれど、子どもを見守る親の顔、動き？　これがまったく違うような。東京だと、子どもが遊んでいるそばで、付きっきりで棒立ちで見守る監視員のような親がとても多い。親同士は他人行儀。対してミュンヘンのママ、パパ、ベンチに座って、親同士で談笑している、または子どもと一緒に遊んでいる人が多い。

日本だと、子どもを裸足で遊ばせていると、ガラスが刺さったらどうするのと、どこかの誰かに言われそうで気が気でない。私はね。おむつ替えのためにトイレの設備が気になって、遊ばせる場所が限られたり、おむつをひとつずつ丁寧に袋に入れて捨てるのがマナーだったり。「え、こっち

のみんな、そのまま公園のでっかいゴミ箱にぽいぽい捨ててるよ」と友人。いいの⁉　それは楽だし、エコだな。ドラッグストアのおむつ売り場に、おむつの試着コーナーがあって、そこで替えられるのも心強かったなあ。おむつ替え台のあるトイレが少なかったりするのは、別に木陰でさっと換えればよくね？　という姿勢の顕れか。実際私は、

ありとあらゆる場所で開放的なおむつ替えをした。授乳だって、わざわざ授乳室を探したことは一度もなかった。実にノーストレス。これに慣れちゃって、帰国後は私も所構わずナチュラルに授乳をするようになった。堂々としていれば、意外と人も気づかないものですね。今まで勝手に周りを気にしすぎていただけかもと、とても楽になりました。

公共の場での授乳については賛否あるけれど、あかちゃんが泣いてしまい、とにかく今すぐ授乳してあげたい時、その場所を探す手間と心労がなくなることは、当事者である母子にとって楽になるのは間違いない。あの瞬間の母親の気持ちといったら……本当にこっちまで泣きたくなるんだよ。

子育てにおける苦労が減ることは、長い目で見

ると国家や経済の発展にも繋がるはず。子育てにより失われるものを懸念する人が減り、出生率も増加するし、育児経験からマルチタスク能力&包容力&判断力&臨機応変な対応力&忍耐力どれをとっても爆上がりにパワーアップした女性が社会に進出するメリットは、計り知れないのでは、という安易な私の予想だけれども。そういうわけで、ぜひママ、パパ、子どもに優しい社会になってほしいよ！　あー日本の政治家さんは男性が多いし、きっと時代的にも子育てに積極的に参加してはなかっただろうし、それよりもほかの発展をまず頑張ってくれていたのかな……。これからの時代はどうやろね……私にできることは何やろなと、そんなことに思いを馳せるのでした。カフェでおっぱいをくわえられながら……。

日本の公園やカフェなどで子どもが近寄ってくると、大抵即座に「こら、そっち行かないの！」と叱るママの声が聞こえてくる。そして必ず「すみません」と謝られる。「いいのに！　そんなの……子どもなんだから……！」と思うけれど、日本のママ達はいつだって真面目で丁寧だ。

そういえば、子どもをヒステリックに叱る親を見かけないなと思い、友人に聞いてみると、どうやらドイツの人は、家に帰ってから子どもに言い聞かせるらしい。それもとても厳しく。それが一般的なのか実のところはわからないけれど、外で叱られて泣いたり、騒ぎ回って迷惑に感じるほどの子どもに出会った記憶がない。日本では、わりとどこでも親に怒鳴られている子どもをよく見かける。私はなぜか、自分が叱られている気になるのですごく辛い。そのドイツ式のしつけの方法、ちょっと気になる……。

一度、友人と子ども達の5人でカフェでブランチをしていたところ、隣の席のマダム達に「うるさくて会話が聞こえないわ」と言われ、席を外されたことがありました。とっても恥ずかしくて肩身の狭い思いをしました（そしてまた嫌みのない笑顔で伝えられるのがクールでね……）。公園や広場では思い切り遊ぶけど、レストランやカフェでは小さい子でもＴＰＯをわきまえられている、そのしつけ、すごい。これは本当に見習わねば。子どもの目を見て、毅然とした態度で、きちんと

言葉で説明すること。子どもだからわからないという思い込みは、彼らの可能性を信じていないことと同じで、失礼。ダメといったらダメ！　と叱りつけるのではなく、理由をわかりやすく伝えることを、大人がサボってはいけない。

また、子どもは親だけでなく、社会全体で育てるものという認識もあるらしい。例えば駅のホームで、少しでも親と子が離れると「危ないよ！」と注意されたり、抱っこ紐の中で子どもが寝ていて、頭が変な角度になっていたら教えてくれたり。はじめは、慣れなくて少し戸惑ったけれど、だんだんとてもありがたく感じてきました。そういえば、日本でもおばあちゃん達はよくこんなふうに声をかけてくれる。古き良き日本の子育ても見習うべき点がありそうだな。

他にも、ミュンヘンの街中を歩いていて印象的だったのは、犬がリードをつけずにお散歩をしている光景。つやつやの毛並みをなびかせて緑あふれる広い道を大型犬が駆けていく姿の、なんと生き生きと美しいこと！　なんだか神々しいほどに犬が犬たらしめんとする（？）、生き物としての燦然とした輝きをまとっていて、もはや謎のありがたささえ感じちゃったもんね……。飲食店でも、飼い主が食事をするテーブルの下で、静かに座って待っている。なんてお利口さんなの……！　聞けばドイツでは、犬を飼う時はドッグトレーニングを受けさせるのが一般的なのだそう。それに、ペットショップがなくブリーダーや知人から譲り受けること、マイクロチップが装着され、犬にも課税されること、散歩の回数や飼い方なども厳しく決められていて、生半可な気持ちでは飼えないため、捨て犬や殺処分もないことを知りました。「犬と

子どものしつけは、ドイツ人にならえ」という言葉もあるそうで。よし決めた。犬に生まれ変わるなら、ドイツにしよっと。

オーガニックスーパー

ミュンヘン生活では、とにかくオーガニックスーパーによく行った。日本とは比べものにならない品揃えで、野菜から加工食品、衣類や日用品まで、全てがオーガニック製品。普通のドラッグストアにもｂｉｏマークのついたものがたくさんあって、子どもに安心なものを探すには苦労がなく楽園だった。日本での私の買い物風景といったら、品質表示と睨めっこし「これは……何……？」と不安になりながら棚に戻すことを繰り返し、その間に子どもが泣き始めて買い物を中断して、それはそれは時間がかかっていた。

今はもう、選ぶものが定まってきたので時間はかけないけれど、子どもを産んだばかりの頃は神経質になっちゃって大変でした。もちろん、多少の食品添加物や化学物質などが問題ないことはわかるし、オーガニックならＯＫということでもない。でも選択肢さえあれば、ベストなものを選んであげたいのが親心。日本でも安心安全なものが手頃に手に入るようになってほしい。でもこれには、品質に不安はあっても安価なものを買ってしまう消費者にも責任があるわけで。確かなものを求めれば、その市場は成長していくはず、という祈りを込めて、今日も投票に近いような気持ちで買い物しています。

野菜が袋に入っていなくて、穀物やナッツ、お菓子類の量り売りが浸透しているのも、無駄がなくてゴミも出ないし良かったな。買い物袋も当たり前に有料で、それも紙製。日本では翌年から有料化されて、ＳＤＧｓもよく耳にするようになってきた。これからの日本の変化も楽しみです。

サステナブルがみんなの庭で起こっている／グリューネハンド

オーガニックスーパーで特に印象的だったのは、木でできた蜂の巣箱が売られていたこと。日本で養蜂家が使っているようなものではなく、なんだか可愛らしい、家庭用サイズのもの。インテリアかな？　とスルーしたのだけれど、後に訪れたスイスの昔ながらの暮らしの博物館の、養蜂のコーナーで「えっ、待てよ、もしや……ドイツ人、蜂を家で育てている!?」と気づいた時には、畏敬の念を抱き＆驚いた。

ミツバチは花粉を運び植物の受粉を助け、作物の実りをよくしてくれるのは知っていたけれど、小学校で習った教科書内の出来事でしかなかった。都市で自然から遠ざかった暮らしをしていた私は、そんなこともすっかり忘れて、オーガニックと蜂の巣箱がもたらす効果に、すぐにはピンと来なかった。だから、その役割に気づいた時、こちらの方々はけっこう普通に……植物や作物のために蜂まで育てちゃうの……！　自宅で採れた蜂蜜を食べる暮らし？　さらに自ら育てた野菜のサラダもそ

こに？　なんならそれを売って収益まで得ちゃう？　みたいな循環の景色が脳内に広がり、キラキラと輝いて私の血液の循環まで良くさせた。ついでに、Instagramでよく見かける〝#ていねいな暮らし〟と共に投稿される、ただ器に移しただけの買ってきたスイーツや、電化製品に囲まれたインテリアなどのそれっぽい写真達が、

走馬灯のように飛び交っては不合格！　みたいな烙印を押され消えていった。私も、若い頃に住んでいた目黒区のアパートに作られていた蜂の巣を、なんの疑問もなく行政に撤去してもらった過去を持つので、生きものを大切にしたいとかなんとかのたまえるような人間ではなかったな……自然が失われて居場所がなかっただけなのに、ごめん。日本でも、田舎暮らしだと身近だったのかもしれないけれど、自分は所詮、ひ弱な都会っ子だったのかと、自然に近い暮らしへの無知さに落胆した（いや別にしなくていいのだけれど

さ。なんとなくね)。

友人から聞いたエピソードで、ドイツ人のおばさまに「あなたはグリーンをすぐ枯らすわね。グリューネハンドを持っていないのね」と笑われた、ということがあった。グリューネハンド＝Grüne Händeとは、緑の手の意。植物を育てるのが上手な人のことで、園芸の世界では日本でも使われる言葉らしい。確かにミュンヘンの街には、ランダムに植えられているかと思いきや、絶妙なバランスで高さや色合いが調和した花壇ばかり。どこもかしこも。家庭のお庭も素晴らしい。どうやらこの国には緑の手を持った人が多そうだ。

私が子どもの頃に、モーリス・ドリュオン原作の映画『チスト　みどりのおやゆび』を観た時の気持ちも思い出した。内容はうろ覚えだけど、今あらためて調べてみると――〝みどりのおやゆび〟を持っているチストは、一晩で刑務所の鉄格子や壁を花でいっぱいにします。チストは発見しました。花は悪いことが起きるのを

防ぐことを。みんなの幸せのために貧しい小屋を、病院のベッドの周りを花でいっぱいにしたチストは天使だったのです――とあらすじにあるように、はみ出しもののチストが〝みどりのおやゆび〟を使って不幸な人を助け、人々の心をなごませ、ついには、その力が戦争をもやめさせる、というようなもので、幼心にも深く感動したのでした。よく「青柳さんが植物や自然を大切にするきっかけはなんだったのですか」と尋ねられるのだけれど、この映画も、人格形成にまで影響しているかもしれない。

　そんな素敵な緑の指と、緑の手のお話も重なって、とにかく憧れた。植物を愛で、生きものを育て、何かを生み出す人々に。そしてそんな、時間にも心にもゆとりのある暮らしを実践できる人の多い社会がそこにあることに。

ミュンヘンのパパ達／スタンダードのチューニング

夕方には仕事を終え、公園で待ち合わせしてママと子どもと合流し、夜は家族との時間を過ごすパパが一般的という話も聞きました。もちろん全員がそうではないとしても、なんとなく欧米の人々にそのイメージはある。日本の一般的なサラリーマンのイメージと比べてしまう。テレビやドラマなどの影響もあるけれど、仕事が早く終われば赤提灯居酒屋で同僚と一杯、とか、酷いパターンでは仕事で遅くなると妻に嘘をつき不倫、みたいなイメージがどうしてもわいてくる。

２０２１年、コロナ禍の状況はまた変わっているとして、今はどんなもんだろう。そもそも出勤せず、リモートワークでずっと家にいる？　そしてコロナ離婚？　はたまた家族でワーケー

ション？　ワークスタイルの変化による暮らしぶりがポジティブで、それがスタンダードになってきているのだとすれば、それはとっても微笑ましく、災い転じて福となす感もあるのだけれど、ワークライフバランスが芳しくない日本の現状。アフターファイブを充実させて、その方が仕事の生産性も高まるという考えが浸透していて、さらにそれが実現できる環境が整っている国は、やっぱり羨ましいと思ってしまう。我が家の人の帰りは、本当にいつも遅いから……。

ミュンヘン生活も終わりかけのある雨の日、今日は公園もプールも行けないからと、日本でいう子育て支援センター（子どもの遊び場があったり、地域のママ達が集まったり、親同士で情報交換をしたりしているところ。私はパパに出会うことはあまりない）に行きました。

　おもちゃや遊具に囲まれた部屋の中心に大きなテーブルが置かれ、コーヒーとクロワッサンが用意され、そこでベビーカーをサイドに携えた男性ふたりが談笑している。子ども達は自由に走り回り遊んでいる。一瞬、どういう関係？　といろんな想像を膨らませたが、おそらくシンプルに、仲の良いパパ友同士。ただそれだけのことだけれど、東京での子育て歴2年半の間、そんな光景見たこともなかった私には地味に衝撃的で、これが決して珍しいことでなく、3歩歩けば当たり前に出会う光景、ということに感銘を受けました。だって、日本だとまだまだ、男性が子どもを抱っこ紐に入れて歩いているだけで、道ゆくおばあちゃん達に、えらいねえなんて言われちゃったりして。

それに、そのすぐ傍の席で私は授乳をしていたのだけど、一瞬たりともパパ達の目線がこちらにくることはなかった。それもまた新鮮。日本人男性なら、絶対に一度はこっちを見ると思う。そして意識していないふりなんてすると思う。私も謎の気を遣ってしまい、そこで授乳をしようとは思わない。そもそも欧米の人は、自宅の窓をカーテンで覆わなかったりするように、必要以上に他人を意識して生活していないということもあるのかもしれないけれど、自意識過剰気味に暮らしている私にとっては、とても楽で心地の良いことでした。これは私が日本で、気を抜くと目の前に自分のことを知っている人がいたりして、声をかけられたり、後から

SNSで「今日○○にいましたよね！」とコメントをもらったりすることから、職業病のようなものなのかもしれないけれど、「誰もこっちのことなど意識しちゃいねぇ」と実感できたことは、1か月という短い期間とはいえ、いいリハビリになった。海外旅を重ねる度に、この感覚が自分の中に取り込まれ、おかげで、日本でも他人の目が全く気にならなくなってきている。今では、「え、ちょっとここで……」と周りが引くようなことも、欧米人気分で人の目を気にせずできるようになりました。いいのか悪いのか（笑）。

自分の中のスタンダードの軸が、日本のみならずもっと広域に移せると、後はその時々の自分にちょうどいいようにチューニングすればいいだけの話で、これはかなりのライフハックになるかもしれない。いわゆる〝視野を広げる〟ということになるのだな。誰でも簡単に使いがちな「もっと視野を広げてさ〜」という台詞が、具体性をもって自分の言葉となったわけです。そんなことにまで思いを巡らせてくれるパパふたり、なんだか神々しささえある光景だったな。

GREEN QUALITY
Holz
7,99€
GREEN QUALITY
Insekten-
Hotel
Insect hotel
Aus FSC®-zertifiziertem Holz
INSEKTENHOTEL
7,99

母子旅、それはサバイバル

ミュンヘン生活にも慣れてきた頃、友人親子と隣国オーストリアのザルツブルクへお出かけしました。ドイツへ来て観光らしい観光はまだしていなかったし、子ども時代を共にしたふたりが、互いに娘を連れての海外旅行だなんて、一生のうちにそう何度もできることではないはずで、とてもわくわくしました。もっとも、乳幼児を連れての長距離列車移動、食事なども含め、困難極まりないわけですが、私の友人の中でも指折りのタフさを持つ女性である彼女との旅は心強く、心強すぎて羽を授かった私……の思いもよらぬ珍道中記、始まり始まり〜。

ザルツブルクには世界遺産の旧市街があり、中世ヨーロッパの街並みを楽しみ、「本当に美しいねぇ」と言いながら、こんな異国でお互いの二世を連れて歩く日が来るとはね、という感動を噛み締めながら観光しました。古い映画で見たような街並みに我が子が走り回る光景。なんとも感慨深く夢みたいな一日だったな。

ザッハトルテの発祥になったというホテル・ザッハーにも立ち寄りました。娘には、甘いものやお菓子をほとんど食べさせていなかったのだけれど、せっかくだし記念にと、初めてのチョコレートを今日だけ解禁。芋や果物の穏やかな甘さと違った、とろけるような甘さを知ったのはきっとこれが初めて。ほんの一口だったけれど「なんだこの食べものは！　手が止まらないよ……！」といった様子でした。それにしても可愛いホテルだったな。

旅した国々の子どもの民族衣装を集めているので、お土産屋さんの軒先にかけられた小さなドレスをくまなく見て回る。手頃な価格のものはどこのお土産屋さんも似たようなもので、その中で自分の好みのものを探していたけれど、群を抜いて可愛いこぢんまりとしたお店を見つけ、私はショーウィンドウに釘付けになった。お土産屋さんのものとは価格帯も桁違いだけど、民族衣装だけでなく、伝統的なデザインを取り入れた普段着もあり、実はメルヘン好きな自分としてはデザインも素材もドツボで、でもお値段も少々お高めで、いくつもは買えないなと思い吟味に吟味を重ね……結局買わずにお店を出て観光を終えて戻った時には、閉まってた。Ｏｈ……。

夕食を食べたら帰ろう、と適当に入ったお店で、オーストリアの郷土料理のシュニッツェルとビールを。ドイツに来てからというもの、飲食店に入るたび、とにかくビール、ビール。真夏なこともあり、とにかくおいしかった。といっても、いつも「アルコールフライ（ノンアルコール）で」とオーダーするのだけれど。ドイツ語の読み方が少しずつ身についていくのも楽しかったな。あっオーストリアの話だった。

一日ゆったり楽しんで、さて帰りの電車への時間がやばい！　と駅へ急ぐ道すがら「どうする？　私たち帰るけど、このまま本当に残ってどこかいく？」と友人。日帰りか、泊まって帰るかは迷っていたけど、旅を始めるなら友人が

自分の娘用に持っていた着替えを1セット貸してくれるというので、せっかくはるばるここまで来たしどうせならウィーンも見て帰りたいし、チェコに寄りたいなという欲がわいてきて、娘に「このままおうちに帰るのと、ホテルに帰るのどっちがいい？」と聞いてみた。すると「ホテルー！」というので、よしきた！　と急遽近場の宿探し。実際、真夏のベビーカー子連れ旅

は親の私もかなり消耗するもので、早く休みたかったし、宿が取れれば泊まって帰ろうということで、友人からWi-Fiを借りてbooking.comにアクセス。ホテル探しの才能はちょっと自信があるので、すぐさま手頃な可愛らしいホテルを見つけ、踵を返して友人ファミリーとお別れ。異国でWi-Fiも持たずに、しかも電池も切れそうだったし、ホテルに辿り着くまではまあまあドキドキしたけど、着いてしまえば家に帰ったようなものと、地図のスクリーンショットを頼りに、ホテルモーツァルトといういかにもな名前のホテルに無事チェックイン。子ども達はすでに爆睡で、私は予定未定の未知すぎる異国の母子旅の始まりに、胸を高鳴らせまくって眠りについたのでした。

翌朝は、ホテルの食事でひとまず野菜やフルーツなどの栄養補給をして、移動中に娘の機嫌を保つためのおやつも確保。この頃まだ娘にはお肉や濃い味のものや加工食品を避けていたし、旅先のレストランでも栄養バランスの良い娘が食べられるものにありつけるかがとにかく

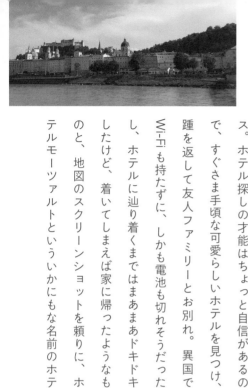

不安だったので、行く先々のスーパーで、おやつとして食べられるバナナやベリーなどのフルーツや、なるべくプレーンで砂糖や添加物の入っていないパンを探しながら移動を続けました。なんの情報もない初めての国で、色々なアイテムをゲットしながら歩くのは『ドラゴンクエスト』のような気分で冒険感があって楽しかった。特に長距離列車の中ではその装備がものをいう。でも観光地だとオーガニックスーパーがなくて、駅構内のスーパーの出来合いのお寿司しか手に入らなかった時はちょっと申し訳なかったな。なんでも食べられて、私のこだわりも甘くなった今となっては、気にしすぎだったような気もするけれど。

友人なしで電車に乗れるか不安もありつつ、なんとか無事ウィーンへ出発。テーブルに向かい合った座席のある、子どもがわいわいとした車両に乗り込むことができてひと安心。それにしても、ベビーカーを畳まず入れる広々とした車両には大感謝。息子は抱っこ紐に入りっぱなしなので、こういう時に体を伸ばさせてあげたいのだけれど、まだつかまり立ちをするのがやっとで、揺れる車内では私はそんなに落ち着いては

いられず。娘は少し広くなっている所で、同じ車両の現地の子ども達に紛れて遊んでいる。子ども達に食事をさせる時、どうしてもこぼしたり周囲を汚してしまうけれど、その車両担当の添乗員さんが、すかさずゴミを片付けてくれたり、甲斐甲斐しく動いてくれて助かった。トイレに行きたい時に、少し子ども達を見ていてもらえませんかと頼んだら、快諾してくれ、急いで用を足して戻ると、すごく楽しそうに子ども達と遊んでくれていた。なんてこった……感動。子どもの動画を撮影していても、ピースサインを向けてカメラに映り込んでくるし、こんなの日本ではありえない……と、心が震えました。

ほくほくした気持ちで、夕方ウィーンに到着。ウィーンについての情報はあまり持っていなかったので、さっきまでの古都とのギャップも相まって、あら、都会に来てしまったなと思いつつ、ひとまず本日の宿へ。宿探しは、電車の中のWi-Fiを利用してAirbnbで。Airbnbを利用するのは確かこれが初めてで、なぜ私はこん

な心細い異国の地で、しかも子連れで、英語力も乏しいくせに初めての試みをしようと思ったのかは今でも謎です。きっと現地の人のリアルな生活やおうちを覗きたい欲からだったと思いますが、いざそのアドレスに降り立ってみても、マンションの入口が見つからなくて、結構不安でヒヤヒヤしました。でも、子どもがベビーカーの中と私の胸元の抱っこ紐の中ですやすや眠っている姿を見ると、不思議と安心感があって、

どうにかなるよねと、いつもエネルギーがわいていました。それに日本にいると全然英語力がないような気がするけど、現地に降り立つと不思議と喋れるようになるから不思議だな。入口が見つからない中、Wi-Fiも拾えなかったので宿の主に連絡が取れなかったのですが、持ちうる情報を全て駆使して部屋のインターホンを探し出すことに成功。ふたつそれらしきものがあったので一か八かで押してみたら、男性の声で「アジア人か？」と聞かれた。そうか私は異邦人か、と変に感慨深いものがありました。

　なんとか無事に部屋に案内されたはいいものの、街中だったため外の騒音がひどく、サイトに載っていた写真よりも汚く殺風景な部屋で愕然としました。古い建物でエアコンもない。真

夏なので暑くて窓を閉めるわけにもいかず、子ども達の安全な寝床を確保できたことと、すやすやと眠ってくれていることだけに救われながら、ママはストレスフルな夜を過ごしました。

そして翌朝。ダイニングルームは欧米式の流石なもので、ウィーンに着いてすぐスーパーで確保した野菜やフルーツで、子ども達とゆっくり優雅な朝食時間を過ごせました。

このＲＰＧのような旅では、宿でとにかく体力を回復して栄養補給をするのがもっぱらの課題になりつつあり、訪れた場所や景色よりも、子ども達にどうやって栄養と休息を与えるかを必死に考えていたことばかりが記憶に残っています。ウィーンの美しい建造物や食べ物よりも、日本食スーパーを探し出し、海苔や納豆、無添加の野菜ジュースをばかみたいな価格で買ったりしたことの方が印象にある。ちょっともったいないね。

とはいえ、日中とにかくウロウロと、あてもなく街中を歩いたのももちろん楽しかった。ウィーンに留学していた友人のおすすめや、日々アップしていたストーリーズを見ては、日本のみんながその都度送ってくれる情報をたよりに、ひたすらベビーカーを押して歩きました。暑かったな〜。

歩き疲れ汗だくなところ逃げるように入った

レストランで、昼間から娘達と乾杯したのは、一生忘れられない記憶となりそうな至福の時間でした。私はアルコールフリーだけどオーストリアビール、娘はオレンジジュース。娘は私の向かいの席で、息子は横で、自分ひとりで大きなグラスを持ってこぼさずに飲む姿を見ていると、ちょっと前まで歩けもしなかった人間が、ここまで成長して、しかも大人の楽しみに付き合えるほどになっている、ということに、これまで闇雲に突き進んできた育児の日々の全てを祝福されているような感覚でした。きっとこういう瞬間が、これからも人生の中に必ずや点在するであろうという確信が、これから何をするにも勇気となり希望となるんだろうな、とか。

　夜ごはんは、ウィーン郷土料理のお店でシュニッツェルを。昔ながらの雰囲気の残る可愛らしい店内で、ピアノの演奏を聞きながら。子ども達の食べこぼしを見張りながら、自分にも食べ物が冷えないうちにすかさず口に運ぶというのは至難のわざで、でもそれに全力でチャレンジするのも一興でした。もしかしたら乳幼児を連れてく

る人はあまりいないのかもしれないけれど、店員さんは謎に荷物の多い異邦人親子3人に、嫌な顔ひとつせず、子どもの落としたカトラリーを快く替えてくれたり、なんならiPhoneまで充電してくれたりと、とても救われました。

子どもといると、人に迷惑をかけてしまわないようにと気を遣うことが増えますが、私の場合は自分ひとりでいても忘れっぽかったりドジが過ぎたりでとんだ迷惑を被らせてしまう場面がすごく多いので、常になんだか申し訳ない気持ちで過ごしています。だから人に助けられる度に、それが杞憂だったなと心が軽くなるし、心から感謝する。感謝を感じることができるというと言葉がおかしいのだけれど、ありがとうと心から思えることって本当に嬉しい。感謝って、自分の心持ちでは限界があるような気もしていて、ふとサプライズのように期待してもいなかったようなことを人からしてもらえて、えっありがとう!? となる時の喜びよ。あの喜びといったらない。そういうわけで、自分のあらゆる能力が拙くて本当に良かったなと思う。他の人をみんな尊敬できるから。ありがとうと感じながら生きたい。と、美味しいオーストリア料理を食べながら思ったのでした。いいお店だったな。また行きたい。

ちなみにこの日の宿は普通にホテル滞在に戻しました。やっぱりホテル快適♡　子ども達が寝た後に、この先の旅路を考える。ウィーンは二泊したし、都会を離れたくなったので、次はチェコへ。プラハに立ち寄り、チェスキー・クルムロフという世界遺産の街に行くプランを立ててみたけど、毎日泊まる場所が変わる子どもへのストレスがそろそろ心配なのと、毎夜子どもが寝ている隙に宿を手配し、交通を調べ、というプロセスがしんどくなってきていたのと、服も一、二着しか持っていなかったので毎晩洗面所で手洗いすることや、あとは単純に移動に疲れてきていたので、プラハは諦め、チェスキー・クルムロフを目指すことに。

翌日は、チェコへ向かおうというその時、娘の靴を片方紛失。チェコで探せる自信はないのでウィーンの街にいる間にどこかで買おう、と楽観的な気持ちで列車を待っていたら、予定の列車が動かなくなり、さらに次の列車も運休（すーぐ止まってくれるよな、向こうの列車は）ということで、大幅に時間が狂っていき、どうしよう、今日中にはチェスキー・クルムロフにたどり着けない！　という事件が発生。オーストリア内のリンツまで行ってまた一泊するしかないのか、と途方にくれながらも、リンツまでの列車に乗り換え、とりあえず向かうことに。乗り換え時間は30分しかなかったけど、一応近くに靴が買える場所はあるかと駅員さんに尋ねたら、運良くそこの駅から10分くらいのところにショッピングモールがあるとの情報を入手し、ダッシュで向かいH&Mにて2秒で靴を探し出し、無事娘のスニーカーを入手することに成功！　ついでにそろそろ自分もボロボロすぎるのでは？　と不安になり自分の着替えも入手。さらに残り5分でこの先の食糧も調達することに成功し、ギリギリセーフのサバイバル感を楽しみました。

リンツに着いて、駅員さんに相談したら、なんとGoogle先生は教えてくれなかった列車の存在を教えてくれ、なんとか今日中にチェスキー・クルムロフへ行けることに！　一気にイージーモードに切り替わり一安心。トラブルは色々あれど、過去に行ったインドやラオスなどのアジア旅が自分の中のベースとしてあったので、ヨーロッパの旅はどこでも充電できるし野良Wi-Fiは充実しているし、子連れ旅でもなんとかなるスピードが速くて、こんなに余裕でいいのかと拍子抜け。駅は綺麗だしどこでも眠れそうだし、なんて整った国なんだと感動し、大船に乗った気持ちでチェコへと向かったのでした。

リンツからチェコへと向かう列車の中は、とても記憶に残っています。窓を開け風を感じながら景色を眺める娘をムービーで撮影していたのですが、後で見返すと、夕陽に照らされた瞳と表情の輝きと、まだ柔らかい薄茶色の髪がなびくその様が我が子ながらに本当に美しくて、心から連れて行ってよかったと思えました。すでに何度も乗った長距離列車移動の中で、娘はまだよちよち歩きの弟を抱きかかえて守ることをし始め、イヤイヤ期らしい泣きわめきも全くしなくなっていた。こんな短い間に、人ってこうも成長するのか

と、ただただ感動しました。

　だんだんと、車窓から見える家々が、童話の中で見たようなチェコらしい可愛らしいものに変わってきて、私は静かに興奮しました。チェスケーブジェヨビツェという、読めないし一生覚えられそうにない名前の駅で鈍行列車に乗り換え、人気もどんどんまばらになってきて、なんだか進むのも遅いしいつまでも着かないしだんだんと不安になってきた頃、添乗員さんが切符の確認にやってきました。いつものようにカードで買おうと思ったら、現金それもチェココルナしか無理という。カード払いに慣れてチェコの通貨を使う場面が来る可能性を、すっかり忘れていた。ひたすらオタオタしていたら、近くの席の人が、なんと現金で切符を買ってくださ

いました……。なんということだ、またしてもお恵みを受けてしまった。このご恩はいつか誰かにきっと循環させます……！　と南無南無しました。

　夕陽もすっかり落ちきり、ようやくチェスキー・クルムロフに到着。暗くなって空気に霧がかってくると、チェコの古い街並みはちょっとホラーっぽくもあり、人も全然いないため怖くなり、恐る恐る世界遺産の村を目指しました。空気も冷えて娘の顔も不安マックスになった頃、城下町へと続きそうな門を発見。この時の安堵といったらなくって、私は必死に「もうすぐ着くよ！　お人形さんのおうち！」と気を奮い立たせて門をくぐりました。お人形さんのおうちというのは、娘がミュンヘンでお城を初めて見た時に、そう表現したもので、母はその可愛らしい表現にもまた心底感動したのでした。

　門をくぐり、お城のほとりの川にかかる橋を渡ると、人もたくさんいて音楽に踊る人々で賑わい、安心がものすごくって、娘と一緒にしばし音楽に合わせ踊りました。そして暗くてもわかる素晴らしい街並み、おとぎ話の中でしか知らなかった世界がそこにあり、ディズニー映画を観て育ってきた私は、暖かな色でライトアップされた〝世界一美しい街〟と言われる景色に大興奮で、ため息が出そうなほどでした……。一時は本当にホラー映画の中にいるよ

うな気持ちになったけど、なんとかたどり着けてよかった……！

　この日のホテルはペンション・ウ・ブラウニーという小さな古い民家のような可愛らしいお宿で、翌朝窓を開けると、鳴り止まない教会の鐘の音に、また感動。本当にこんな世界があるのね、と。ディズニーランドのややハリボテな世界観しか知らなかったのに、本当に人間が生活していたこの遠い遠い国の古都に、２０１９年の今日、しかも自分が生んだ子ども達と！という不思議な感覚は、どうにも言葉に言い表せません。夢みたい。

　この日は一日中、うっとりするような景色の中を子ども達と気の向くままにふらふらしました。迷路のような町を歩いていると、エゴン・シーレ美術館なるものがありました。どうやらシーレのお母様がこの町の出身で、彼も一時期ここに暮らしていたそうで。私は美術学校の生徒時代に彼の絵をよく見ていたので、シーレが生きた時代の建築や町の気配がそのままに残るこの場所で、あらためてその作品達の息吹を肌で感じられ、もう本当に感無量でした。そこでシーレが描いた母と子の絵をこの母子旅の記念に買いました。ポスターだけど。このベビーカー母子旅でポスターケースはまあまあ邪魔にはなるわけですが、それでもこの旅のことをいつか子ども達に話して聞かせたい

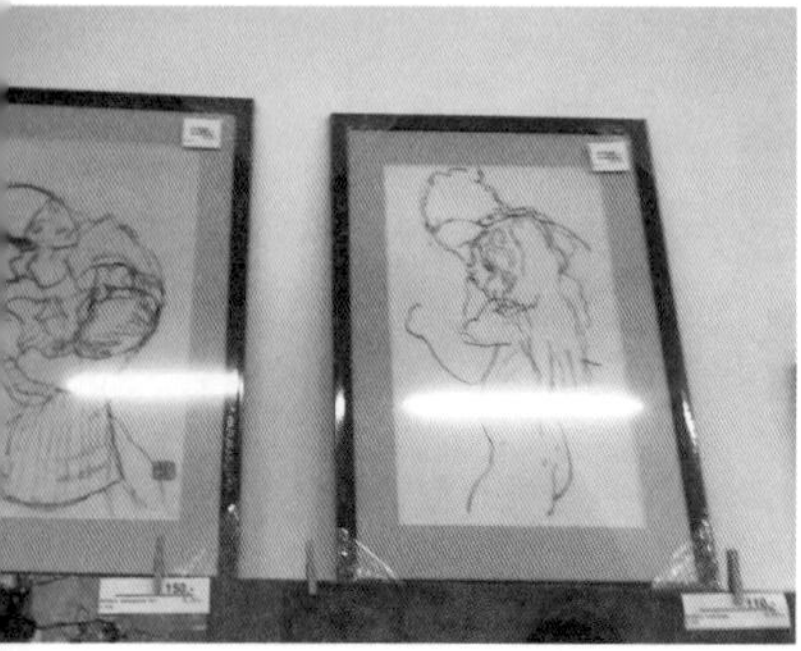

と思い、大切に日本まで持ち帰りました。

チェスキー・クルムロフ城も見ておかないとね、と石畳の上をベビーカーをせっせと押してお城に入ろうとしたその時、まさかの（いやまあ古いお城だし当たり前か）階段しかない事件が勃発。しばし悩んだ私は、いやせっかく来たからにはこの町を高いところから一望するまでは帰れまいと、お城のほとりにベビーカーと旅

の荷物を置いて、長い階段を登るという暴挙に出ました。この頃二歳の娘はまだ少し歩いてはすぐ抱っこをせがむので、結局、お城の頂上までの坂も階段もほぼふたりの子どもをおんぶに抱っこしたまま周りきった時には、流石に自分けっこうタフやな？　と思いました。正直しんどかった記憶の方が強いけど、お城の上から見た古き可愛らしい街並みと頬を撫でた風は忘れがたく「思えば遠くへ来たもんだ〜」と海援隊の曲が流れて、おっとボヘミアン気分ボヘミアン気分と思い直し、小学生の頃習ったモルダウ川に脳内再生し直しました。ボヘミアの川よモルダウよ。ボヘミアンな古着って大好きなんですが、この場所の人々が昔にそれを着ていたんだな〜似合うな〜、なんて思いながらそこで近くの方

に撮ってもらった家族写真が、ほぼ人物のアップでお城が全然映ってなかったのがいい思い出です。

お城はまあまあ広かったのに端から端まで周ってしまった私は、ベビーカーのある方の入口まで戻る体力がなく、娘もお腹が空いていることだしと、そのまま対岸の出口から街に降り、レストランを探しました。数ある中から、空気の良いお店を見つけ出す嗅覚だけはものすごく自信があるのですが、そこで見つけたLAIBONというベジタリアンレストランがとっても素晴らしかったので、この本を見ていつかチェスキー・クルムロフに行く人がいたら、ぜひ行ってほしいです。こんなご時世なので無くなってない事を祈る。

そこの店員のお兄さんがなんだかとてもナイスな雰囲気で、Tシャツ短パンサンダルでフランクな接客なのに、痒いところに手が届きながらも押しつけがましくなく、愛が感じられる振る舞いに、そこでもまた、ベジタリアンだからナイスになるのか、ナイスな人だからベジタリアンになったのかと、鶏が先か卵が先か問題に思いを巡らせるなどしました。

荷物大丈夫かなとヒヤヒヤしながらも、まあなくなってたらなくなってたで身軽に

なっていいや、という得意の向こう見ずを大発揮して、そのまましばらく街歩きをしっかりと堪能し、夕方にベビーカーのところまで取りに行ったら……、あった……！　まさかこんな大荷物をわざわざ盗む人はいないだろうとは思っていたけど、警備の人に移動されてる可能性はあるなと思ったりもしたけど、そっくりそのままに残されていたので、治安の良さも感じちゃったりして、この町をさらに好きになりました。

ここまで書いておいて自分で反省しているのですが、その土地土地の景色や人々の様子を文章で伝えたかったはずなのに、私のトラブルや必死さの主観からの話ばかりで、すみません。でも本当に美しかったんだチェスキー・クルムロフもウィーンもザルツブルクも。語彙力。

そうこうしていると雨が降ってきて、そろそろ退散しようと城下町を出た途端、現実に引き戻されました。家を出て5日も経つしそろそろおうちのあるミュンヘンに帰りたい。さてどうやって帰ろう。駅に向かう道は長い上り坂で、子どももいるし雨だし避けたい。一応観光地だし、どこかしらの都市まで接続のバスがあるのではと、バス停に向かったはいいけど、路線図や地名を見ても、いかんせんチェコ語が全く読めない。英語の表記も乏しく、バスを待ってい

た人に聞いても、その人も外国人観光客なので、ブジェヨビ？　は？　リンツ？　アイドンノー私もよくわかんないけどメイビー来るんじゃない？　と思って待ってるみたいな感じだったので、困った。Wi-Fiのないこの旅では、困ったときはとにかく人に聞く、歩く、で全て切り抜けてきたけど、世界遺産になるだけある村の人のいなさと交通の便の悪さにひれ伏した。もしかしたら違う場所にはわかりやすく観光客向けに整ったタクシー乗り場やバス停もあったのかもしれないけど、大荷物でベビーふたりを連れていくとなると、傘をさすのも一苦労、というか傘も持ってないし、体力も限界だし、雨の中少しでも移動は避けたい。待てど暮らせどバスは来ないし、諦めて雨の中ベビーカーを押して、人気のない、人が歩くべきではないっぽいな、ここ？　という長い坂をゼーハーしながら登りました。気持ち的には登山。

　やっとの思いで駅に着いてチケットを買おうとしたら、次の列車まで一時間強。Oh……。他のバックパッカー達も駅のホームに座り込み、カードゲームなどしている。抱っこ紐の中にいる息子をそろそろ解き放って体を伸ばさせてあげたいし、私も重いし座りたいし授乳もしてあげたいが、椅子とかも十分にないよね〜！　幸いにも娘はお昼寝してくれているけど、暇だな。近くにカフェなどもないし、仕方ない、もう売店の酒でも買って飲んで待とう。授乳があるからノンアルだけど、気分だけはロードムービーのハードボイルドな主人公が胸ポケットからおもむろに取り出すスキットルで飲むウイスキーよ。チケット売り場の小屋の電源とWi-Fiをお借りして、地べたでひとり乾杯しました。こういう旅のディテールばかり覚えている。娘が起きてきて、線路の周辺を散歩していたら見つけた青りんごを、もいで一緒にかじったその味も。

そういえばドイツに来てから一度も車に乗っていませんでした。ベビーカーでタクシーに乗るのは少し嫌がられるらしいし（ヨーロッパのベビーカー大きいからか）、そもそも必要じゃないほどトラムやメトロなどがくまなく整備されていて、子ども用車両や自転車専用車両があるところにも、エコな国だなと感心しました。利便性のために環境を破壊するのは本当に恥ずかしいことだと思うし、不便さって慣れてしまえば大したことではなくって、むしろそれによって気づけることがたくさんある。いつでもどこでも痒いところに手が届く都会の暮らしに慣れ

て鈍っていた、人間本来の能力も鍛えられます。不便だからどうしようと考え工夫する。ギリギリな状態に陥れば陥るほど、状況判断力や対応力、リスクヘッジ能力も身についてゆくというものです。火事場の馬鹿力。何が起きても対応できるという自信がついたら、もう怖いものは何もない。私も昔に結構な酷い状態に陥ってきたからこそ、この非常識な母子旅ができているわけでもあり（非常識って認めちゃった）。可愛い子には旅をさせよとか、苦労は買ってでもしろという諺の教えどおり、不便や苦労はありがたいことで、喜んで受けて立ちたいものです。過去に行ってきたアジア貧乏旅行では、いつもとにかく歩いてチートはしないというルールでやってきて、それで得られたこととしては、タ

クシーや便利な移動手段を使ってしまうと、街の空気も趣も感じられることが半減してしまうということ。進みの遅いものであればあるほど、旅情を感じられるしドラマも生まれる。だから私は旅先ではとにかく歩くのが好きです。旅の記憶はいつも移動中にある。

無事にまた鈍行列車に乗り込み、中継地点の

チェスケーブジェヨビツェに到着した頃にはもう薄暗く、古都でないチェコの街も探索したいし、ここでもう一泊することに。チェコは物価が安いと聞いていたけど、先ほど予約したホテルが、70平米に中庭つきでメゾネットタイプの寝室やキッチンもオーブンも洗濯機もついて九千円弱で、直前予約だからなのか？　それにしても安くて驚きました。へとへとすぎて立派な設備を何も使う事なく爆睡したけど、この母子旅の最終日として、良い締めくくりの一泊となりました。ちなみにレジデンス ウ チェルネ ヴィエジェ

チェスケーブジェヨビツェ。　いるのか、この情報。

翌日は、チェコの日常を味わいたくて近所をウロウロ。旅先では観光地よりもとにかくその地域の暮らしが見たいので、食料品店や小さな店ばかり覗いてしまう。チェスケーブジェヨビツェのアンティックバザールにチェスケーブジェヨビツェのおもちゃ屋さんにチェスケーブジェヨビツェのお肉屋さん。チェスケーブジェヨビツェって言いたいだけ。チェコ語の馴染みのなさにわくわく&表記の可愛さに酔いしれながらの街歩きは楽しかったです。言葉がわかると情報過多

で疲れてしまったりするけれど、わからなければわからないほど、見るものすべてをありのままに、子どもの頃のような気持ちで世界に立てる。

と言いつつ、ヨーロッパの街並みにちょっと慣れてしまってる自分もいて、昨日までの可愛らしい街並みに勝てるものはこの辺りにはなさそうだと判断し、この日はなんとしてももう一泊することは避けようと早々に駅へ向かった。ミュンヘン行きの直行バスがあるようだったけど、なんやかんやでバスには乗れず結局また列車を乗り継ぎ、国境を越えることに。

この長距離移動でも、もう疲れているだろうに子ども達はとても元気。車内を裸足で走り抜ける小さな金髪の女の子と仲良くなり、私達の座席に来て遊んだり、娘も一緒に裸足になって

走ったりしていたのが、また良き思い出となりました。日本で、新幹線の席の間を子どもが走って往復していようものなら、すかさずお母様の怒声かおじさま方の舌打ちが聞こえてきそうだけれど、この国の人々は誰も注意せず、むしろにこやかに対応してくれて、マナーや安全面の観点で、どちらがどうということは抜きにして、なんというか、本当に安堵感だけはものすごかった。子ども本来の姿である落ち着きのなさを、逐一押さえつけながら過ごすのは大人としても神経をすり減らすし、社会に、大人に、こんなにも受容の姿勢があるということは、子どもが成長していく過程でも自己肯定や他者の許容に大いに関わってきそう。

そんなこんなしながら無事ミュンヘンに戻り、日帰りだったはずのザルツブルクからウィーン、チェスキー・クルムロフの五泊六日のショートトリップが一旦終わりました。

息子はまぁ大半を寝て過ごしていたけれど、娘は本当にたくさんの刺激を受けたんじゃないかと思います。パパ不在の危機感からか、電車の中で私が少し席を離れたい時などに、弟を支えておいてくれるようになったのがわかりやすい大成長で、母としてはとても嬉しく感慨深い。破天荒なママに付き合ってくれてありがとう。この旅のことを覚えてくれてるといいな。

スイスへ

ミュンヘンでの暮らしを気まぐれにinstagramのストーリー機能で発信していたら、突然「覚えてますか？」と、ある女性からＤＭが届きました。よく読んでみると、私が中学三年生の頃に、農村留学先として約一年滞在させてもらった家庭で一緒に生活していた女の子でした！　優に17年ぶりの連絡で、小学生の姿のまま止まっている記憶の中の少女がもう27歳で、しかもスイスの人と結婚して、なんならもうすぐ赤ちゃんも生まれるし、今はスイスに住んでるから近いし遊びにおいでよ！　と！　えええぇ〜浦島太郎？玉手箱〜？　こんなことある〜〜？　と本当に驚きました。私はふたつ返事で行く！　と言い放ち、次の母子旅を決めたのでした。スイスにはいつか行きたいと夢に見ていたけれど、こんな形で突然行く理由ができてとっても嬉しかった。

高速バスで、チューリッヒ経由で彼女の住む街へ。いつものごとく、バスが途中で運休になり謎の山で降ろされたり、列車の乗り方がわからなかったりした中、なんとか無事に待ち合わせできた時の再会の感動といったらありませんでした。声も喋り方も変わらない、でも圧倒的に成長して別人。大きくなったね〜と言いたいところだけど、大人になってしまえば実は年齢４歳しか変わらなかったんだね？　という不思議な感覚。こちらはこちらで、やさぐれたティーンネイジャーだった私がふたりも子どもを産み、まさか

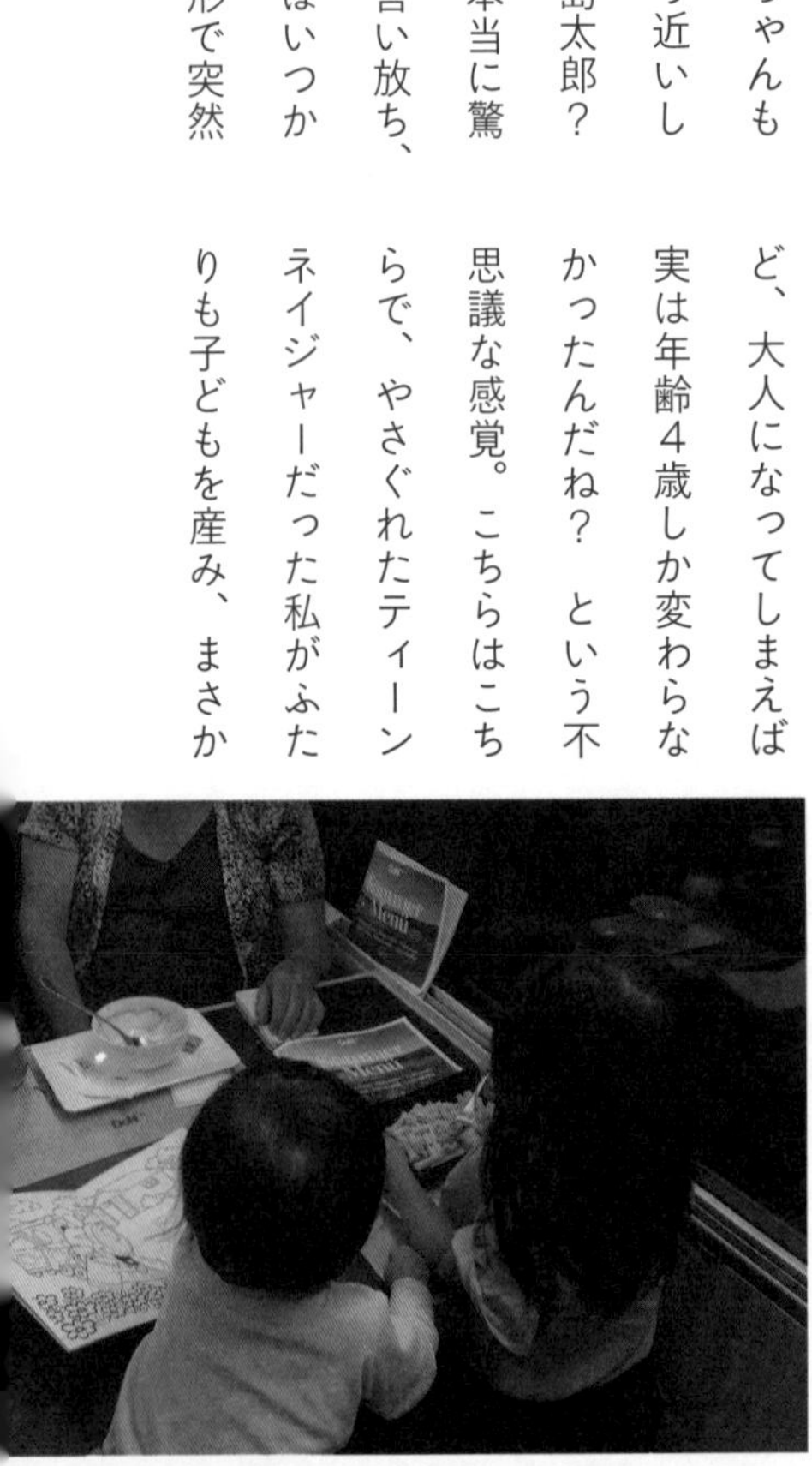

17年ぶりの再会がこんなはるばる海を超えた場所で叶うなんて！

　スイスの彼女のおうちは、控えめなお城の麓に広がる自然の多い落ち着いた小さな街にあった。北海道の、人口より牛の多い町出身の彼女が人生の拠点としてこの場所を選んだことが、とてもしっくりきてなんだか嬉しかった。のちに、アルプスの山々が遠くにそびえるインターラーケン周辺の、本当に本当に美しい景色の中を案内してもらった時にもそれを感じて、お互いに離れたところで生きた17年間の月日に思いを馳せたり。

　ここで、その子と暮らした一年間の農村留学のことを書いておきます。よくファンの皆さんから、いつか北海道時代のことを教えてくださいという声をいただくので、この場を借りて。
　大分県は湯の町、別府の中学校に通っていた私は、なぜかその頃頭がバキバキに冴えていて、自分の置かれていた環境や教育の現場が、全く自分にあっていないことに生意気にも気付いてしまい、当時まだインターネット黎明期の分厚いiMacを駆使して、逃亡先を探していたのでした。海外留

学に憧れていたので〝留学〟という検索ワードで探していたけど、やっぱり受験を控えた中学生の私が、いきなり親を説得して海外に行くのは現実的でないか……と思っていたところに、山村留学や農村留学というキーワードが引っかかり、見つけたのがそこだったのです。すぐさま資料請求して、届いたVHSでそこの暮らしの様子を母親にプレゼンしたら、一度北海道まで見学に行ってみようと言ってくれ、面談をしたのが6月。夏休みをしっかり遊んで二学期から行って、しっかり勉強すれば受験もOKやろなという軽い気持ちでいたのに、北海道の夏は絶対に体験しないといけない、今すぐ来なさい！と留学先の主に言われ、あれよあれよと翌週には転校することに。転校ってこんないきなりできるもんなんだね。

その農村留学先は、夫婦とその子ども４人と、全国から集まってきた小中高生が寝食を共にしながら、大自然の中で自給自足の暮らしを営むというもの。朝は五時に集合、朝礼、各自割り振られた仕事をすませ、六時半からみんな揃って朝食、その後に登校。帰宅後は夕方の仕事、十八時夕食、お風呂、二十一時就寝。テレビは日曜日の朝の一時間だけ、小学生向けの子ども番組のみ許され、携帯電話は持ち込めないし、家族や友人との連絡は手紙のみ、漫画

や雑誌は禁止。それまでろくに学校も行かず、自由奔放な夜更かし生活を送っていた私にとっては、監獄かのようなストイックなものでした。もちろん自分で望んでそこにやってきたのだけれど、はじめは転校先の学校に馴染めなかったこともあり、こんなはずじゃなかった……と、一週間ほど夜毎泣き続けていました。でもまあどうせ戻れないんだしと覚悟を決め、そこからはどんどんと鉄のメンタルが鍛え上がってゆき、その後の人生の礎となってゆくのですが。

そこでの仕事とは、男の子は隣の牧場に行き、その日に飲む牛乳を絞ってきたり、家の前の牧草地で飼っている馬や羊、山羊など家畜のお世話をすることで、子ども達で各自当番を回して生活していました。寝坊をすると、４匹飼っている犬たちを連れ、牧草地の周りを散歩させるというペナルティ。私は〝青柳〟と胸に刺繍された作業つなぎを着て首にタオルを巻いてゴム長靴を履き、馬のお世話をしたり、烏骨鶏が産んだばかりの卵を採って、その日の食卓に並べたり。包丁片手に庭先に出て、畑で育てたキャベツを刈って、それが朝食に並ぶという原始的な活動が大好きではあったのだけれど、雪の時期はマイナス二十五度にもなる外に出るのが本当に寒くて嫌だった。女の子は料理や掃除といった比較的ライトな仕事もさせてもらえたので、家の中仕事の時は本当に嬉しかった。

夏は毎週末、近所の牧場で乗馬の練習。これが一番やりたかったことだったので、結構頑張って練習した。兎にも角にも楽しかった。家の屋根のペンキ塗りもよくしていた。屋根の上で肌に感じた、九州とは違うカラッとした風のかおりと、太陽の照りつけが気持ちよかった。北海道の夏は最高。

冬はとにかくスキー。週末は朝からスキー場に解き放たれ、夕方のお迎えが来るまでひたすら練習。スキー場にいる間は、監獄生活的に言ってみれば大人の監視の目がない

わけで、練習をサボりここぞとばかりに昼寝をしたり、公衆電話から母親にこっそり電話したりしていました。そういえば職員室の電話も時々借りて電話していたな。友達にはしなかった。当時はまだ携帯電話を持つ友達も少なかったし。手紙でのやり取りがなんとなく嬉しかったので、電話をしてしまっては再会の時の喜びが薄れるとかなんとか思っていたような。転校する時、友達には一切伝えていなかったので、週明けの朝礼でいきなり青柳が転校したと聞いた友人達はすぐさま手紙を送ってくれた。思春期特有の女子あるあるで気まずくなっていた子が手紙で謝ってくれて和解したり、

「早く帰ってきてね、待ってるよ」と伝えてくれたりと、この一年間の地元の友人達との手紙のやり取りは、今思えば大きな財産になったように思います。今時の中学生はおそらくスマホでのテキストメッセージが主流だろうけど、友人達の字の癖やイラストや当時全盛期だったプリクラが貼られていたりするのも味だったんだよな。

北海道の冬は厳しくも美しく、白銀の世界や、地平線というものを初めて見た時は心が震えました。家と家の間が1キロくらい離れ、ただだっ広い場所で暮

ていると、自分の中の何らかのスケール感に影響してきそう。夜、家の外に出ると、キリッと冷えた空気とツンとくるような静けさと闇が広がり、その中にポツンとひとり立って、満天の星空を仰ぎながら、遠くの空が市街地のあかりでぼんやり明るくなっているのを見るのが好きでした。初めて北海道に降り立った日に、野生のキタキツネが出迎えてくれた感激も忘れられない。朝は小鳥の鳴き声で目覚め、外に出ると木々にリスが駆け回る。ムツゴロウ王国に憧れていた中学生の私にとっては、天国かという環境の中で多感な時期を過ごすことができたのでした。

実際、大自然の中に身をおいて静かに自分の中の何かと対話していると（そんな中学生気持ち悪いな）、五感では感じ足りないものがあることに気づいて、なんだろうこの感じ……と、どきどきした。どの感覚も研ぎ澄まされて、冴え渡ってゆくのがわかった。あの感じがまた欲しくなって、大人になった今も度々自然を求めて出かけるけれど、あの初めての感覚はもう二度と味わえないような気がする。

だいぶ自分の話になってしまったけれど、そんな環境の中で生活したのが私はたった一年。スイスに移住した彼女は幼い頃からその暮らしが普通なわけで、どういう価値観に育ちあがったのか興味津々。四人兄弟（当時は四人で、その後さらにふたり生まれたと聞いてびっくり仰天）みんなのその後をインタビューしてみたら、地元の大学を出て就職とか上京してフリーターとか、よくあるパターンではなく、各自全くバラバラで、私の予想をはるかに超えたユニークな答えが返ってきた。それぞれ語学も堪能なようで世界各地に羽ばたいていたことに「あんなに小さかったあの子達がこんなに立派になって！」と親戚のおばさん気分で感激した。文化人類学的な目線でも大いなる発見をした気持ちにもなったのだけれど、まだ考察しきれてないのでいつかまた何かで言えたら言いますね。あえてシンプルな言葉で言わせてもらうと、素晴らしき環境で素晴らしき人間が育った、という実感をこのスイスという国で味わえたのでした。ちょっと親バカもあるかもだけど。親じゃないけど。

　彼女とその旦那さんの案内で、数日間そこでの暮らしを見せてもらいました。おうちでラクレットパーティをしてもらって、じゃがいもとチーズって北海道と同じじゃん、懐かしいねぇと話したり、よくお昼に、家の前の畑で掘ったじゃがいもを、じゃがバターにして食べたね、それがいつものお

やつで、食べすぎてだいぶ太ったなぁとか、昔話に花を咲かせつつ、次ここに来られるのはいつかなと急に切なくなってみたりした。

　旦那さんのおうちにもお邪魔した。家族のみなさんが手料理を振る舞ってくれた。結婚式は日本でするので、家族みんな日本を旅行するのが楽しみで、分厚いガイド本と日本の文化を学んでいると聞き嬉しかった。いわゆる愛国心みたいなものはさらさらないけど、母国をこんなに好意的に思ってくれるなんて嬉しいよね。世界中の人がみんなこんな気持ちで、国と国が仲良くできればいいのに。と小学生が道徳の授業で作

文に書きそうなことを素で思う。

　ルツェルンの観光は雨だったけど、とても綺麗で楽しかったこと。チョコレートがとにかく美味しいこと。街中の噴水からマイボトルに直接水を入れて飲んでいたのは衝撃的だったな。水の綺麗な国いいな。

　とまあ印象的なことはたくさんあったのだけれど、バレンベルク野外博物館が個人的にいちばん楽しかった。広大な敷地の中に、18～19世紀のスイス各地の建造物がそのまま移築されており、中も当時の暮らしがそのままに再現され

ていたり、昔ながらの農家の営みを実演してくれたりといった、暮らし研究オタクな人なら興奮すること間違いなしの場所です。私の好きなミヒャエル・ハネケの古い映画に出てくるような人々の服装や生活様式が、リアルにそこにあったことを感じられて感無量。可愛いという言葉で形容するのもなんですが、本当に可愛くて大好きなんですよ。衣裳やプロップからロケーションまで、その全てが。牛や馬も豚もそこら中にいて、まさにハイジの暮らし疑似体験的でヨーロレイヒ〜って言いそう〜とか心の中のテンションが上がりすぎて、ほぼ全ての建物の中を覗き回りました。真夏に妊婦さんに丘を越え行こうよ的な移動をさせて本当にごめん、ありがとう。

ここで器作りや糸紡ぎなど暮らしの色々な実

演を見たのですが、その中に昔ながらの養蜂の実演コーナーもあり、そこでようやく、ミュンヘンのオーガニックスーパーで見て用途が不明だった蜂の巣箱と合点がきて、ミツバチの仕事の素晴らしさを知るのでした。そこで味見させてもらった蜂蜜の甘さよ。娘もとろけていました。

　こうやって完全なる調和があるように見える昔の暮らしぶりを見ていると、現代の暮らし方の不自然さがより気になってくる。あらゆる循環が成り立ち、持続可能だったはずなのに、欲深な人間は何を追い求め過ぎてしまったのかと反省する。スイスの本当に本当に本当〜に美しい景色を前に、ただただそれが在ることに感謝して、決して奪うことなく慎ましく生きたいですと心の中で合掌するのでした。日本人。

　ちなみにスイスでの長距離列車では、子ども専用車両の中にジャングルジムや滑り台が一車両の半分くらいを占拠して、子どもは自由に遊びまわり、大人はその周りに少しある座席にゆったりかけているという、夢みたいな列車移動でした。これは本当に感動したので日本の新幹線も今すぐ見習ってほしい！

　スイスには四泊くらいして、夫婦との別れを惜しみつつ、日本でまた会おうねと約束してミュンヘンに戻った。今まで行った国の中で、いちばんピュアな感動があったかもしれないな。この時は、翌年に新しいウイルスが流行して海外へ行くことが困難になるなんて思いもよらなかったけれど、絶対また行こう。

スイスからミュンヘンに戻ってからは、ロンドンにいる友人から、フィンランドに行くから一緒にどうかと誘いが来て、行きたい！　そのついでにバルト三国にも行こう！　と心が躍って行きかけたけど、さすがにそれは欲張りすぎと思って止めた。というわけで、またいつもの日常に。湖に行ったり、プールに行ったり、ベリー狩りに行ったり。

シンデレラ城のモデルになったという有名なノイシュヴァンシュタイン城も行きました。その近くにある湖で子どもたちを裸で遊ばせている時、歴史上の人物としてしか馴染みのない二世とか三世なる人々が「ここに城を建てたい」と思う気持ちがなんとなくわかったりしたのが収穫でした。私でも建てたいと思うもんあんな所。お城の入場の予約時間に遅れて結局中に入れなかったり、iPhoneを落として探し回ったりしたのもまた

良い思い出。
友人に子どもを見てもらい、念願だったダッハウ強制収容所の見学も行った。そこで悲惨な過去があったなんて嘘みたいに綺麗で、果てしなく広くて、それが余計に悲しかった。そこで見たものは思い出すのも苦しいけど、行けてよかった。

そんなこんなで気づけば夏も終わりに近づき、日本へ帰る時が来ました。ＳＮＳに写真をアップして記録したり思い出を振り返ったりしたかったけど、大切な思い出としてあたためすぎて、一枚も更新せず二年も経ってしまったな。楽しいとか綺麗とか嬉しいとか美味しいとか、子どもみたいな表現でしか伝えられなくて申し訳ないけど、子どもと一緒に子どもみたいな気持ちで過ごした一か月だったので仕方ない。飾った言葉にもしたくない。友よ、一か月ありがとう、心から。ほんと楽しかったね。おしまい。

LAIBON

Lecine Oliven
Naturel
Oliven NOIRES AU
100gr. 1,50

MEIN
HAUSVERSTAND
SAGT:
PAPIER
STATT PLASTIK!
BILLA

OHNE
TÄGLICH
BROT

Medovník dort
35,- Kč
Tiramisu kostka
24,- Kč
Alžírská kostka
40g
26,- Kč

UNES-CO
Projekt
Kateřiny
Šedé

STA Z 407

MOTHER'S TALK

親の顔が見てみたい
（いい意味で）

初めての子育てをする中で、お手本にするものが自分の親以外にほとんど何もないことに気づいて、大好きな友人達をこんなに立派に育て上げた親御さんにいきなり関心がわいてきました。何をどうしたらこんなにも素敵な人間が育つのか、子育ての大先輩である彼女達から手がかりが掴めたら。親の顔が見てみたい！　いい意味で。

平野紗季子／ひらの・さきこ

フードエッセイスト。

1991年生まれ。自身がプロデュースする『(NO)RAISIN SANDWICH』の工房が完成予定。著書に『私は散歩とごはんが好き（犬かよ）。』（マガジンハウス）、『生まれた時からアルデンテ』（平凡社）など。

Instagram：@sakikohirano

前田エマ／まえだ・えま

モデル。

1992年生まれ。神奈川県出身。東京造形大学卒業。オーストリア ウィーン芸術アカデミーに留学経験を持ち、在学中から、モデル、エッセイ、写真、ペインティング、ラジオパーソナリティなど、その分野にとらわれない活動が注目を集める。

Instagram：@emma_maeda

平野久美子さん　61歳（31歳で出産）

文子：紗季子ちゃんはユニークな子に育ってますよね。

久美子：私自身は、とても型にはまったタイプの人間で。人と同じことをして安心するタイプだから、紗季子がどうしてあんな子に育ったのか、わけがわからない。私と真逆な子になりましたね。私は誰かが素敵な洋服を着ていたら「同じのを買っていい？」って、それを着て安心してしまう典型的な日本人気質。だから持って生まれたものの違いだと思っています。

文子：紗季子ちゃんは海外へ留学していましたよね。

久美子：紗季子の兄をアメリカで生んでいるので、兄はアメリカ国籍を持っているんです。英語は将来使えた方がいいだろうから、兄のために学校見学に行ったんだけど、兄は日本でサッカーをするんだと言って留学しなかった。だけど紗季子はその年になった時に「私あの学校へ行ってみたい」と慶応NY校に自分から行きたいと言ったんです。小学校の高学年くらいから英語も授業で習っていて英語も好きだったみたいだし、行きたいと言うので特に反対することなく行かせてしまったという感じ。すごく独立心のある子でしたね。小学生って「トイレ一緒に行こう」「お弁当一緒に食べよう」とか、誰かと行動を共にしたがるでしょう。でもそういうのを全然気にしない子だった。女の子って、ひとりでいるところをさみしいと思われるのを嫌だっていう気質があるじゃない？　でもうちの子は、どうして一緒にいないといけないの？　って冷静だったみたい。ひとりでも全然さみしくないって小学校の低学年の頃から言ってたから、なんだかすごく立派だなと思ってましたね（笑）。だから、なぜ紗季子がそうなったかと言われてもよくわからない。持って生まれたものなのかなって思います。紗季子に聞いてみたら、いろんなことを強制されなかったし、自由にさせてくれたから、とは言ってましたね。ああしなきゃこうしなきゃっていうことよりも、小さい時から「あなたはどうしたい？　どれを選ぶ？」っていうことを問いかけてたのかもしれない。子どものことって、生まれると身ふたつになるって言うけど、その瞬間から自分とは別の人格。赤ちゃんは100％手を差し伸べてあげないと生きることはできないけれど、この子は私とは違うっていう意識はすごくあったかもしれない。それはそうしようと思って育てたのではなく、私の母から聞いた話がきっかけだったかもしれません。私の母は、男兄弟の中の女ひとりだったので、大事に大切にされおとなしく育ったんだけど、結婚をして今まで住んでいた町から離れて家財道具を買わなきゃいけないっていう時に、何にも自分で選べず、何を選んでいいかがわからなかったそうなんです。そこでものすごく情けない思いをしたから、自分の子どもには同じ思いをさせないように、自分で決められる子に育てたいって思ったんですって。だから私が小さい時から「何がしたい？　どれが欲しい？」って全部聞いてくれて。ある日、私が花嫁のウエディングドレスの塗り絵を紫で塗ったら、それを見た別のお母さんに「どうしてウエディングドレスは白だって教えてあげないの？」って言われたけど、母は「この子がこの色で塗りたいんだからそれでいいと思う」って答えて。「私はそういうふうにあなたを育てたよ」という話を聞いた記憶が、意識はしてないけどベースにはあったのかな。じゃなきゃ紗季子みたいにはならないのかなって思う（笑）。

文子：私も母親から「自分の口でちゃんと伝えなさい」って言われたような気がします。例えば「ティッシュ」って言ったら「ティッシュが何？」って。「ティッシュを取ってほしい」と最後まで言いなさいって。

久美子：兄にはそういうことを教えていましたね。短い単語で言うから、それをどうしてほしいのかちゃんと言いなさいって。そう言うと兄は「そんなのわかるじゃないか」っていつも怒っていたけど、紗季子は素直だったから自然に聞いていましたね。

文子：自分も気付けばそういうことを自分の子ども達にも言っているから、親に言われていたことって、自然と同じようにやるんだなと思いました。

久美子：そうね。だから意識していたかどうかはわからないけど、ベースに母からの影響はあったのかもしれませんね。私はひとり娘なので、母とふたりで話す時間はすごくたくさんあったんです。なので、そういう話を自分の母とはしたなという記憶がありますね。私と紗季子は、そういう話をした記憶はないんだけど。

文子：でも、すごく仲がいい印象がありま す。

久美子：仲はいいけど、私は私で楽しませてもらいますね、という感覚がある。だから必要な時だけくっついているけど、必要じゃない時は離れているし、私も紗季子のことをあまり追いかけないし。たとえば「一緒に買い物にいこうよ」って言っても「買うものが別々なのになぜ一緒に行かないといけないのか、時間の無駄だ」って断られる（笑）。「相談に乗ったりとかさ」って言っても「別にママの意見はいらない」って言われちゃったりして。高校生の頃からそうだったわね。なんだか味気ない女の子に育っちゃったわと、思わなくもないけど（笑）。

文子：おもしろいですね。私は紗季子ちゃんと、浜崎あゆみが好きっていう共通点で仲良くなったんです。あゆは自立した女性像を歌ってるんですよね。

久美子：ハマって歌詞をすごく分析してました。小学校高学年から中学くらいまでは、すごく好きだったみたい。

文子：私も同じ時期にいろいろ聴いていました。

久美子：中学の自由研究で、規定枚数の何倍もレポートを書いて浜崎あゆみの研究をして。浜崎あゆみ自体が幼少時代になかなか辛い思いをして育っているようだから、打ち破ろうとするパワーのある歌詞が魅力的だったんだろうなと思います。紗季子は幸せに育ってたと思うけどね（笑）。

文子：でも学校生活ではいろいろ感じることもあったみたいですよね。

久美子：そうみたいね。でも私には何も言わなかった。参観日とかで学校に行くと「このあいだ紗季子ちゃんがホームルームの時に泣いちゃったらしいわね」とか聞いて、帰りに本人に聞くと「ああ、そんなこともあったけど、もう解決してるから」って。そういうのってお母さんに相談しないのかなあと思ったけど（笑）。中3の1学期で留学して、そこから4年間海外で寮生活をしていたんだけど、毎日電話をかけてきてママと報告し合うタイプの子もいれば、うちの子はお金がないから送ってくれとか、あれを買って送ってくれとか、そういう時しか連絡がこなくて「ああ、この子も新しい環境に放り込まれて苦労はしているんだろうけど、きっと自分で解決できているんだろうな」って、何も心配はしなかった。そういう信頼関係もあったしね。

文子：中3の1学期で転校したのは、私も同じです。大分から北海道への農村留学だったんですけど、連絡手段は手紙だけだったんですよ。だから、私も必要な時だけ手紙を書いていましたね。ちょっと似てるのかも。でも紗季子ちゃんは、私とは違う育ち方をしてるんだろうなあと思うんですが、どうですか？

久美子：生まれた時の環境は、とにかく大家族でした。兄を含めて、まず4人。それに夫の祖父母、おばあちゃんのお母さん、紗季子にとっての祖祖母もいたからベースに7人。夫の弟が海外留学をしていたんだけど、学生なので年に3か月くらいは帰国するから、そうするとマックス8人になる。夜ごはんは毎日みんな一緒でした。大人同士がたくさんしゃべっているところを見ると、あの仲間に早く入りたいと思ったんじゃないかな。いつも絵本を読んであげてはいたけど、電話帳とか会社四季報とか、少し厚めの本をあてがっておくと、よちよちの頃からぺらぺらめくっては、うにゃうにゃ読むようなことをずっとしてたの。読めてはいないんだけど、変な抑揚がついたりして。女の子はもともと言葉の発達も早いと言われるし、しゃべるのも早かったけど、たぶん大家族の環境が影響してるのかなと思う。兄より、はるかに早かった。

文子：小さい頃からいろんな大人を見て育

つと自立心も育まれるんでしょうね。

久美子：大家族だから価値観もいろいろな方向性があって。紗季子から最近聞いてびっくりしたんだけど、おばあちゃんにすごく褒められた記憶があるらしく、幼稚園の時にバレエの発表会に来てくれたおばあちゃんが、背も低いしへたくそなのに「さきちゃんが一番うまかった！」って言ったんだって。私が細かいことをいろいろうるさく注意する一方で、褒めちらかす大人がいたのも、いろんな意味でバランスが取れていたのかなと思いますね。夫は不在が多く、いい場面でしか子育てに関わらないから、夫からもいっぱい褒められた記憶があるみたい。紗季子はわりとおとなしい子だったから、私以上に誰かに叱ったりしてもらわないといけないシチュエーションは、あまりなかったと思う。

文子：先日紗季子ちゃんとレストランに行った時に「レストランって夢だよね」って言っていて。食事もその時間も消えて無くなるものだけど、その体験を額縁に入れて飾っておきたいような特別なものにしてくれるのがレストランだって言っていて。それを私は感動しながら聞いていたんですけど。紗季子ちゃんにとっては小さい頃にみんなで食事をした風景が根底にあるのかなと思って。

久美子：いつも思うんだけど、あんなに料理のことをエッセイなどで書いているけど、家のごはんに対してはほとんど触れていないんだよね。家庭のごはんに対してはあまり感動を持ってない（笑）。だから本人も料理はほとんどできないし、家の中のごはんについては時々「料理下手な母がご……」とか書いてあって。「え！　料理下手とか書かないで！　下手じゃないし普通にごはんも作ってたし！」って言うと「ママのごはんをあんまり美味しいと思ったことがない」とか言われるし（笑）。夫はお酒が全然飲めないんですが、その代わり美食家系だったみたい。夫の母は仕事をしていてとても忙しくて、何かお祝い事があると「私がごちそうを作るわ！」じゃなくて「どこに食べに行こうか？」っていう、もともと平野家がそういう家庭だったのね。母が時間をかけて料理を作るということはなかなかできなかったから、家だったらお寿司をとったり、外食したり。もともと外食が好きな家庭だった。だから東京に来た頃からがうちの外食の本格的スタートかな。きちんとしたお店にはきちんとした恰好をしていかなきゃいけないので、「今日はどんな服を着ていけばいい？」ということを私が夫に聞いて、子ども達にもそうさせていて。そういうお楽しみ感もあったのかなって思う。

文子：たしかに紗季子ちゃんは、そのままレストランに行けそうな服をよく着ていますよね。ワンピースが多いですもんね。

久美子：家でいる時はひどいけどね。高校の時のジャージとか着てる（笑）。

文子：紗季子ちゃんに二回目に会った時

が、うちの実家に泊まりにきた時だったんですけど、まだ一度しか会ったことないのに（笑）。高校のジャージを持ってきてたから、びっくりしました（笑）。

久美子：その当時の彼氏のジャージだったと思うよ（笑）。思い出とかじゃなくて、ただ着心地が良くて楽チンみたいね。

文子：そんなにまだ仲良くない人の家に泊まりにいくとなったら、普通はかわいいパジャマを選ぶんじゃないかなと思って。

久美子：人からどう思われているとかを、あんまり気にしないみたいね。私は真逆よ。そういう時、すごいちゃんとしたパジャマを持っていく、変な人って思われたくないもん（笑）。でも、そういう自分のスタイルを持っていることに自信を持っていると言うと大げさだけど、揺るがなかったんだろうね。一時期はギャルみたいな格好をしていたよ。中3から高1の頃かな。高校ではずっとストリートダンスをやっていたしね。

文子：でも一度やってみて、自分で違うなって感じたんでしょうね。

久美子：食を大事にするようになったのも、アメリカのハイスクール4年間の寮生活がきっかけ。あまりいい食事じゃなかったみたいで、それからごはんが大切って思ったみたい。年に1〜2回は日本に帰ってきてましたよ。

文子：そんなに長い間ひとりでアメリカに行くって、やっぱりすごいですよね。

久美子：寮もあったしね。

文子：外国人の友達を一から作るのも大変だと思います。

久美子：通っていた学校は日系なので、ほとんど日本人だったんだけどね。

文子：私も子どもを通わせたくなってきました。今回、前田エマちゃんのお母さんにも話を聞いているんですけど、私は自己肯定感のある友達を好きなんだろうなって思いました。憧れています。

久美子：紗季子も、自己肯定感が強いよね。私はすごく平凡で、人と合わせて安心するけど、結構自己肯定感は強くて。ひとりっ子ということも関係しているのかなと思う。子育てしていても、もちろん子どもは大事だし大切に育てているけど、まずは自分の幸せが第一なんだなって思うんですよ。まずは私がいい状態にないと、そこから発するものもいいものが出てこないと思っているから。もちろん子どもに100％必要とされている時は応えるけど、まずは私がハッピーじゃないといけないっていうのは、自己愛が強いからなんだと思うし、それは悪くはないのかなって思う。説明しにくいんだけれど、子どもが幸せそうにしていてそれを見て嬉しい母としての気持ちもあるんだけど、子どもも夫も関係ない、私ひとりとしての充実とか、まず個人としての楽しみや喜びがないと。やっぱりお母さんは家の中で、にこにこ笑っていた方がいいじゃないですか。もともと明るい性格っていうこともあるけど、心がけたのではなくて、私自身の気質だと思う。まず自分が大事、みたいな、ちょっとわがままなんだけどね（笑）。もちろん難破して救命道具がひとつしかなかったら子どもに渡すよ（笑）。そういう究極の選択ではなくて、まず自分は幸せでいたいし、今日も笑って過ごしたいと思っています。

文子：どういうきっかけでそういう思いになったんですか？

久美子：若い頃からいろいろ思い通りにならないこともたくさんあって、そういう時に「あの時ああしていれば違うようになったのかな」って思い始めたら出口がないじゃないですか。『置かれた場所で咲きなさい』っていう本を読んだことがあって、与えられた環境の中で楽しいことを探していけば、そこそこ幸せに過ごせるんじゃないかと思ったんです。たとえばすごく悲しいことがあったとしても、ケーキは食べたい。つらいとか悲しいという気持ちに苛まれて、せっかく目の前にある美味しいケーキを見逃したくない。悲しいけど、今日の空をきれいだと感じたい、みたいな。そう思うことができれば、今置かれているところだって、悪くはないんじゃないの？って思うと、今日も笑って過ごせるかなって思って。そうすると、あまり不平も言わずに済むし、何が起きてもなんとかなるかなって。息子が家を出ていくってなった時も、初めはすごくさみしかったけど、空いた部屋をどう使うか楽しみだなと心の片隅で思い始めて、それが段々大きくなっていく感じ。少々のことがあっても、お母さんは些細な楽しみを見つけて笑って過ごしたらいいんじゃないかなって思います。

文子：自分がどう振れても動じないお母さんがいてくれることで、紗季子ちゃんにとっては支えになってると思います。

久美子：そうかなあ。私には相談も何もしないけどね（笑）。きっと自分で打開していく力もあるんだろうし、物理的には頼られているけど、精神的には甘えていないのがわかるから心配はないよね。

文子：紗季子ちゃんって、包容力もあると思うんですよ。話を聞いてあげられたりとか。

久美子：私にはやさしくないよ（笑）。

文子：自立心を磨き上げてきた賜物だなあと思います。人を救える人とか手を差し伸べられる人って貴重で、だからこそ名前も出て仕事もできているんだろうし、スター性もあると思うし。久美子さんの安心感があったからこそなんだろうなと思います。

久美子：あれこれ手は出していないけど、うしろでしっかり見ててあげてるよというのは感じていたのかもしれないね。私自身があまり人に依存心がない、夫に対してもあまりなくて、ちっとも甘えないかわいくない妻だと思うんだけど（笑）。出張で不在が多く、実際頼れないというのもあったんだけど、そんなに頑張ったつもりはなく、淡々と目の前のことをこなしていただけ。大変だなと思っても、さっきよりも一歩は進んだと思えば必ず終わりはあるから、大変だと思わずに日々を過ごしていたかな。

文子：久美子さんは、困ったときに人に相談するタイプですか？

久美子：あんまりしないですね。子どもの頃からそうだった。全く同じように理解はされないだろうと思うから、相談は当事者にすればいいと思ってる。自分が開けば相手も開いてくれるし、まず自分が変われば。話してみて「そういう考えもあるかあ」と思ったこともあるけど、基本的には相談はしないかな。紗季子もそうなのかな。

文子：子育てに迷った時期はありましたか？

久美子：兄の時はいっぱいあったの。布団叩きでおしりを叩いたこともあったし、手を替え品を替えいろいろやったけど、紗季子は勝手に大きくなってた（笑）。だから私の子育て論はあんまり参考にならないのよ（笑）。

文子：お兄ちゃんはひとりめだし、自分もあまりわからないですもんね。

久美子：そうそう。やっぱり男の子の方が病気もするし行動範囲も広いし育てにくいんだよね。女の子は病気もあまりしないし、近くでおままごととかして遊んでるような感じだから、コントロールしやすかったのかな。兄は言うことを全然聞いてくれなかったけど（笑）。その横で紗季子は知らないうちに大きくなったから、やっぱり持って生まれたものなのかなあと思いますね。兄は、ピンポイントで怒られたことだけ覚えているわけですよ。数年、私が迷走してたときなんだから仕方ないと思う（笑）。母は悩みが多いよね。

文子：その子の個性に合わせて育てられたらいいですけどね。

久美子：正直、子育てが成功したとは全然思ってない。ただ、人にもあまり迷惑をかけない子に育ってくれたし、学校もちゃんと行ってくれたし、ありがたいなと思う。子どもは親を見ていると思うので、たぶん私の慎重な性格がベースにあるから、突拍子もないことはできないだろうなというか、子どもなりに自分の中でブレーキはかけられたんじゃないかなと思う。

文子：お父さんはどういう教育方針だったんですか？

久美子：夫は教育も何も、子育てにあまり携わってないかも。例えば夕方急病にかかったから急遽病院へ連れていかないといけないってなっても、夫には連絡しないわけですよ。夫の両親と一緒に同居していたから、母に電話するの。それで全部対応し終わった後に、どこかで会食を終えた夫が帰ってきて報告して終わり。何の関与もないの（笑）。同居していた時は母の方がずっと頼りになったから。同居してたのは、紗季子が幼稚園の途中くらいまでだったから、病気をしたり一番大変な時よね。元々夫は東京と福岡を行ったり来たりしていて、月の半分はいない。だから東京に来てからは手助けをしてくれる人はいなかったけど、もう兄は小学校2年と紗季子は幼稚園の年長でそんなに手はかからなくなってたから。母と同じようによく褒めたことと、「僕はレストランにいっぱい連れていきました」くらいしかないんじゃないかな(笑)。いいところ取りで。でも、それが今の紗季子の仕事のベースになっていると思うと父親からの影響というか、してもらったことはすごく大事だったと思います。

文子：子ども達が小学校に通っている間は何をしてましたか？

久美子：学校の役員をずっとしていました(笑)。やっぱり働いているお母さん方って多かったから。お兄ちゃんは小中ずっと公立だったんですよ。だから仕事をしていないお母さんがあまりいなくて。毎年どちらかの役員をしていたのかな。そうやって子ども達に外側から関わるのもわりと好きだったからよかったですね。先生とも仲良くなれるし。

文子：理想の家族像はありましたか？

久美子：子どもが小さい頃はもっと夫が日常に関わってくれたら良かったのになと思わなくもなかったけど、それはもう過ぎたことなので（笑）。ハワイで暮らしている息子の家族に先日赤ちゃんが生まれたんだけど、コロナで仕事がないのでずっと家にいるのね。母子は生まれて病院で一泊して家に帰ってきたから、その日から息子はおっぱいをあげる以外のことは全てしたんだって。奥さんはまだまだ体が元に戻っていなくてしんどいから、すぐに子どもの面倒を見ていたのね。息子はそうやって子どもとディープに向き合ってみて、男性もみんなそうあってほしいと言ってた。夫は全部私に任せっきりだしいいところ取りだし、寝返りをうった瞬間とかも知らないわけよね。でも、ほんとに些細なことを共有して、一番大変な時間を過ごしたことで、これから先ものすごく役に立つ良い経験ができたと思います。子育てをして苦労をしたからこそ得られる喜びを息子はすごく感じていると思うし、自分でも実感しているみたい。でも、それぞれの夫婦のかたちがあっていいと思う。理想と言われたら、共同で子育てをすること。大きくなったら、適当に離れるのがいいと思う（笑）。親も夫婦も子どもも、みんなそれぞれひとりずつがちゃんとひとりで立てていないといけないと思っていて。この人がいなくなったら生きていけない、みたいなことは絶対にあったらいけないと思う。まずはひとりでも幸せで、物理的には全部できなくても精神的に自分をコントロールできるような状態にしている人たちが、ある時期集まって時間を共有したり楽しみを共有したりすることが家族だと思うし、それが独立していってもいいと思うし。家族だけど、ひとりをすごく大事にしたいなと思ってるかな。

文子：今私は家族を作っていってる段階なので、家族ってなんなんだろうってすごく考えるんですよね。血縁っていうのは、もちろんあるんですけど。

久美子：やっぱり、一番身近になる大人じゃないですか。親は、その子の恋愛観も左右すると思うから、小さい時にママがパパの悪口を言い続けたりすると、絶対よくないことになるね。

文子：パパを嫌いになったりするんですか？

久美子：やっぱり子どもって家族の中にいないと生きていけないから、この家族が壊れてしまうんじゃないかっていうことを、ものすごく敏感に察知しているので、不穏な空気がすごく怖くなる。とにかく今は、みんなでいて楽しいねっていう安心感を共有していくのが大事なんだろうなって思う。

文子：私、すぐケンカしちゃうんですけど、悪口だけは言わないようにしています。「ほんとは大好きなんだけどね！」とか言い訳して（笑）。

久美子：うんうん。お芝居をする必要はないけど、悪口を言うのと目の前でケンカをするのとはちょっと違うからね。不仲な時期があっても乗り越えてきたし。だから自分はタフだなあと思うよ（笑）。

文子：すごい。私、すぐ愚痴を言いたくなっちゃうから。

久美子：それから、過去を絶対に後悔しない。「ああしておけばよかったのかな」とは思うけど「あの時の私が一生懸命考えて自分で決めたことだから、私はあの時の私をヨシヨシって認めてあげよう」って思う。次に同じようなことがあったら、参考にはするけど、その時のことを後悔はしないって決めてる。だから引きずらない、進歩がないんだけど（笑）。そうやって思っていくと、随分楽に生きられるなと思ってる。ポジティブの固まりなの。コロナになってずっと家にいても、今までできなかったことができるから嬉しいと思うし、だんだんゆるやかになって人に会えるようになるとそれも嬉しい、何をしていても嬉しいと思う。幸せの種がいろんなところに転がっていると思います。でも、そんなことを紗季子には話したことないなあ。

文子：きっと感じ取っていると思いますよ。これからまだまだ楽しみですね。

久美子：母としては早く子どもを生んでほしいな（笑）。私は仕事もしてなかったし、子育てをした時に、唯一私にしかできない仕事だなって思って、すごく手応えがあったから。会社の仕事は私が辞めても後任の誰かがやっているわけだから。でも、この子達のお母さんは私しかいないと思った時に、こんなに求められて私にしかできないことがあるんだって思って。世の女の人には結婚もしてほしいし子どもを持つと楽しいよとは、ちょっと言いたい。でも、子どもを持たない人生の選択肢ももちろんあるだろうし、それぞれの人生があるからね。私にとっては、とてもよかったなと思います。こんなに人の人生に関われることってないから。自分の人生が膨らんでいく感じは特別だなと思いましたね。

文子：最後に、この本を読む方に向けてメッセージをください。自分の子ども達に伝えたいことでも。

久美子：「置かれた場所で咲きなさい」は人のセリフだからなあ（笑）。とにかく今目の前にあるものに対して一生懸命向き合って、小さい幸せを見つけて、まずあなた自身が幸せでいてねっていう感じかな。子どものために、とか夫のために、ではなくて、まずはあなた自身がいっぱい幸せを感じてほしい。究極わがままなひとり娘のセリフみたいになっちゃうけど（笑）。

文子：みんなそれぞれが自分の幸せに責任持って作っていければ、みんなハッピーですよね。

久美子：お母さんが家庭で明るくいなくちゃいけないっていうのも、明るく演じるのではなく、心から楽しくいてほしいんだよね。

文子：それを見て育つ人は自然にそうできるようになりますもんね。

久美子：お母さんが楽しそうにしているのを見るだけで、子どもは全然違うと思うしね。マイナスを見せない努力をするのではなく、地で目の前のことを楽しんで幸せでいてって思うかな。だから、子どもはいてもいなくてもいいと思うんですよね。

文子：子どもは直接自分との関わりが近いところだけど、たとえ子どもがいなくても、他に関わる人はたくさんいるわけじゃないですか。その人がハッピーなことって半径何メートル以内の人に伝染していくから。結局大事ですよね、子どもがいるにしろ、いないにしろ。

久美子：自分自身がハッピーになれるようなものごとを探せたらいいですよね。上に伸びられなければ下に根をはればいいって、すごいと思うの。その時々でできること、がんばれることが絶対あると思うんですよね。

前田 礼さん　58歳（ちょうど30歳で出産）　前田エマさんのお母さん　弟ひとり

文子：エマちゃんは、とても希有な存在だと思っていて。エマちゃんみたいな人ってなかなかいないと思うんです。ファンタジーの中の住人のような気もするのに、実はすごく常識人で。第一印象と、付き合っていくうちに受けた印象が全然違うんですよね。友達の中でも、一番しっかりしているのがエマちゃんなんじゃないかと思っているんです。ちゃんと地に足がついてる。でも家に遊びにいくと、すごく無邪気な子どもで、すごくしゃべるし、のびのび育っているなという印象です。エマちゃんを育てるうえで、どういうことを心がけていたんですか？

礼：まず、比較級のない世界で育てたいと。それは自分の中で言い聞かせてきましたね。人と比べない。私自身もそうありたいと思っていました。それから、普通に育てるということを意識しました。小さい時から、いろいろとスカウトされたりすることもあったんですね。でも芸能界とか、他者の目を通した自分を意識しなくてはならない世界には、早くからは進ませたくないなと思っていました。私は結婚していないのですが、パートナーであるエマの父親からも、期待しないで育てようということは言われました。もちろん自分の子どもですから、どうしても期待はしてしまうわけですが、こういうふうにしたいとか、自分の意志をあまり押し付けないようにはしました。私の場合よかったと思うのは、自分とエマはタイプが違うということを早い時期に知れたことでしょうか。私はわりと小さい頃から勉強ができてしまうタイプだったのですが、エマは違って。「この人は私とはタイプが違うんだな」と。それで「親子は他人なんだな」ということを早くに認識できたことが、自分にとっては大きかったですね。

文子：小学生くらいの頃ですか？

礼：そうですね。とにかく算数ができなくて（笑）。でも最初はそれに気づかなかったんです。ゆとり世代なので、学校でテストがなくなったのかと思っていたんですが、通信簿を見たら算数の成績があまりよくなくて。どうやって先生は判断するんだろう？　と思っていたら、実はテストはちゃんとあって、エマは点数が悪いテストをすべて捨てていて私に見せていなかったんです（笑）。そこでエマは私とは違うんだなと思いました。自分の想像力の範囲で育てようとすると、自分がこうだったから子どももきっとそうだろうと思ってしまうでしょう。でもエマは私の想定を超えている人なんだなと。

文子：弟さんにも、過度に期待しないようなプレッシャーを与えない育て方をされましたか？

礼：そうしようとは思っていましたね。エマの時は、3歳くらいまではお母さんと一緒がいいだろうからと、仕事はかなりセーブしていました。ただ、やっぱり仕事をしたかったので、翻訳とか、家でできる仕事をやっていました。

文子：エマちゃんは子どもの頃から賑やかでしたか？　ずっとしゃべってたって聞いた気がするんですが。

礼：2歳くらいまではあまりしゃべらなくて。言葉が早くなかったんですよ。無口な子になるかなと思って、しめしめと思っていたんですが（笑）、2歳を過ぎてから本当によくしゃべるようになって。おしゃべりでしたね。弟とは7つ離れているのですが、弟妹がほしいということをエマは言いませんでした。ふたりめができるとわかった時に、伝えたほうがいいかなとも思ったんですが、その時エマはすでに年長さんになっていたし、仕事も忙しかったので、動揺させるのが嫌ですぐには言わなかったんです。いよいよ明日から産休に入るっていうギリギリのタイミングでエマに「おなかの中に何が入っていると思う？」って聞いたら「食べ物！」って言ったのね。お風呂も一緒に入っていたんだけれど、本当に気がつかなかったみたいで。すごく驚いたんですが「あかちゃんが入っているのよ」と伝えて。弟が生まれてからはすごく弟をかわいがって、私が忙しい時には保育園に迎えにいってくれたりしました。小学校にあがっていたし、面倒見もいいお姉ちゃんになって。男の子は女の子とはまた違った子育てのおもしろさがありましたね。

文子：反抗期とか、手を焼いた時期はありましたか？

礼：エマは反抗期はあまりなかったけれど、高校が合わなかったみたいで、それは辛そうでしたね。私立の高校でしたが、学校へ行きたくない時は、じゃあ今日はおなかが痛いってことにしようか、などとふたりで作戦をたてて休んだりしましたね（笑）。でも私は仕事があったので、彼女のことは家に置いていくわけです。その時にいろいろ本を読んだりしたのが今振り返ってみればよかったのかもしれないけれど、当時は大変だなと思いましたね。それまでは本当に元気だったし、そんなに困ったこともなかったんです。

文子：「学校に行きなさい」とは言わなかったんですね。

礼：エマの話を聞くと、行きたくない理由はわかるなと思って（笑）。その時に美術の予備校に通い始めたんですね。私が美術関係の仕事をしているから、もちろん小さい頃から芸術祭や展覧会に行ったりして美術は身近だったわけですが、エマが美大に進むとは思っていなくて。だけど予備校に通ったことでいいお友達がたくさんできたからよかったと思います。

文子：子どもが置かれている社会を理解されていたんですね。コミュニケーションをよくとっていたからでしょうか。

礼：そうですね。とにかくよくしゃべって。エマも弟も家に帰ると食事中にその日の出来事をバーッと話すんです。弟もよくしゃべるので私は聖徳太子状態で（笑）。全然違う話を同時に聞いてるわけです。ただ、ふたりともよく話してくれたので、授業参観とかでよそのお母さん方と話をすると、私の方がお子さんのことをよく知っていたりして。

文子：そういえば、エマちゃんが私に何も言わず、気づいたら私の実家に泊まりに行っていたことがあったんですが（笑）、ちょっと今、納得しました。礼さんは性格的に、あまりしゃべらないほうですか？

礼：いやいや、自分自身はおしゃべりだと思っていたのだけれど、あまりにも子ども達がよくしゃべるので、家では無口ですね（笑）。私が話してもあんまり興味を示してくれないので、家では話を聞いてる方が多いですね。

文子：うちは逆に母親が話題を提供して、私は相槌しか打たないんです、今でも。何をしゃべったらいいか全然わからなくて。親がしゃべってくれるので安心しちゃってます。

礼：うちはよくしゃべる人達ですよ、今も（笑）。

文子：それがあっての、のびのび感ですよね。自己肯定感が高いのかなと思います。エマちゃん本人に、そういうことを聞いたことがないのでわからないけれど。

礼：学校ではいろいろなことがあるけれど、先生の言うことよりは、子どもが言うことを信じようと思いますね。先生から子どものことを何か言われても、「私はそうは思いません」って答えたりしましたね。学校がすべて正しいとは、私自身があまり思っていないので。

文子：それってすごく心強いですよね。たぶん外の世界がこう言っているからとりあえずそれに合わせなさいというか、本質とは少しズレていても世間の常識だからと言って、真実を見抜けないことも多いと思うんですよね。ルールに倣わないといけないというか。周りや学校の先生などとのギャップで悩んだことはありませんでしたか？

礼：エマは保育園に通いましたが、私自身は幼稚園だったんですね。昔は保育園児はかわいそうというか、母親の愛情が一番という考え方があったから保育園より幼稚園へ、という意識があったと思うんです。

文子：私もそれはなんとなく感じていました。学童保育で遅くまで残っている子はかわいそうというか。「家が大変なのかな」とか、子どもながらに思ってしまっていたところがあります。

礼：実際、自分が子どもを保育園に通わせたら、本当に保育園って素晴らしくて。世の中、どうして全部保育園にしないんだろうって思うくらい。保育士さん達が本当に素晴らしい。預けているお母さん方もみんな同じように働いているから、お互いに預け合ったりして、みんなで一緒に育ててきたっていう感覚があって。毎年、保育園の時のお友達とお母さん方がうちに集まってクリスマスパーティを開くんです。親子で多い時は17人くらい。今年はコロナで開催できないけれど、今でもずっと続いているんです。いいお母さんと子ども達に出会えて、本当に恵まれていますね。子ども同士も仲が良くて。すでに結婚した子もいるけれどいまだに続いていて、それはすごくいいですね。私が関わる芸術祭のツアーにもみんな家族で参加してくれて。保育園に通えたことは本当にありがたかった。なので保育士さん達にもっと敬意をはらって、待遇を手厚くしてほしいと心から思いますよね。おむつをとるのも先生たちがちゃんとやってくださった。少子化対策が言われているけれど、全員が保育園に行けるように環境を整えることで、かなりいろんなことが解決すると思いますよ。待機児童問題を含めて。そうすればお母さん方だって働けるわけだし、孤立して子育てすることも少なくなると思います。保育園が終わって、小学校に入った時は、幼稚園に通わせていた専業主婦と保育園上がりのお母さんとのギャップがあって、少し大変だったというか、今までとは違うなと思いました。役員決めとかも、本当に大変でした。

文子：やっぱり意識の違いや考え方の相違がありましたか？

礼：今は本当の専業主婦はほとんどいなくて、パートだったり皆さん働いてるわけですよね。そういう意味ではフルもパートも同じだと思うんだけど、お母さん方が働いている状況と、ＰＴＡなども含めて、システムが合っていないんですよね。それぞれ事情を抱えているわけだから、もっと違うやり方があると思うんですけどね。学校行事の草取りとかは個人的には好きですし、ＰＴＡの活動は発見もあって楽しいこともあるし、親は子どものために何かしたいって思うわけだから、それを全部なくすという話ではないけれど、やっぱりもうちょっとやりようはあるんじゃないかなとは思いますね。

文子：昨年の春頃まで子どもを保育園に通わせていたんですが、春から幼稚園に変えたんです。そうなると2時にはお迎えにいかないといけないし、行事も多く、でもそこは主婦の方が多くて、私は家で仕事をしているので「そんなに忙しくないでしょ？」っていう感じに思われているようで。肩身の狭さを感じたりもします。ママ友も全然できなくて。でも子どもの将来のためにも、仲良くしたほうがいいですよね？

礼：エマの保育園の時のお友達は、私も仲良しです。やっぱり地域で育てるというのは重要だなと思いますよ。最初はなかなか近所の保育園に入れなくて、実家に近い保育園に預けていました。そこはそこですごくよかったけれど、地域の保育園で、親同士も日常的に預けたり預かったりして育てていくというのは、自分にとっても大きな経験だったと思いますね。自分の子だけじゃなく、その子達みんなが成人するのを一緒に見ていけるのは嬉しいですよね。子どもがいて与えられた余得だなと思います。

文子：小中学校を選ぶ時に、なるべくその友だちと一緒に行かせてあげようと思いましたか。

礼：小学校はやっぱり地元に行かせようと思ったし、中学は受験させようかどうしようかとも思ったけど、エマは幸か不幸か塾が合わなくて地元の中学校に行きました。中学校の時のお友達はエマにとっては特に大きな財産ですね。保育園と中学校はよかったみたい。いまだに、しょっちゅうみんなで集まってます。

文子：中学校はたしかに大事ですよね。

礼：私は中学受験をして私立の女子校に行ったんです。そこはそこで楽しかったんだけど、大学に入った時にいろいろ苦労をしたので（笑）、子どもには共学で、公立で地域の学校がいいなと思って。だから子どもはふたりとも中学までは自宅から歩いて1分とか10分の学校へ通っていました。

文子：公立校出身の子の方が、いろいろと揉まれて育つイメージはありますね。

礼：やっぱり多様だから、いろんなお子さんがいておもしろいですよ。その子達の就職先や仕事もそれぞれバラバラで。エマにとってもよかったと思うな。下の子もそうですね。弟は小さい時はおとなしくて、保育園でも「王子」って呼ばれていたのね。ところがいつのまにかガキ大将みたいになっちゃって。私はどうしても保育園の時のイメージがいまだに残ってるから、現在とのギャップに慣れないの（笑）。

文子：ひげ面で、2~3年前は突然の金髪時代もありましたよね（笑）。

礼：顔を見ると文句を言いたくなるので、あんまり顔を見ないようにしていたら、このまえ「ひげ剃ったんだけど何も言わないんだね」って言われるまで気付かなくて（笑）。エマよりも息子に対してのほうが希望というか、こういう男の子であってほしい、みたいな理想像があったりするので、そのギャップに戸惑っているというか（笑）。まあ、でも言っても聞かないし。とにかく元気で、ちゃんと自分で食べて生きていってくれたらいいと思っています。明るく生きてくれることが一番の願いかな。

文子：前田家のしつけを教えてほしいです。やっと自分の子どもがしつけのフェーズに入ってきたので、良いことと悪いことを教えなくちゃいけないんですが、なかなか聞いてくれなくて。どう教えたらいいんだろうと思っています。

礼：まず挨拶をきちんとすること。その他は、食べる時のマナーはちゃんとしてほしい。人と食事する時に不快にさせないことは、重要かな。あとはそうね、どうなのかしら、よくわかんないな（笑）。
文子：仕事現場でもエマちゃんはちゃんとしてますよね。こっちに気を遣わせないようにしてくれて。気遣いの人だなと思っています。
礼：そうですか。特にしつけはしていないけど、ただ私達が仕事をしているところを近くで見ているし、家に仕事を持ち帰ることもあるし、私の仕事場に来ることも多いので、親の振る舞いを見ているのかもしれませんね。あとは、多様な人とお付き合いして、いろんな大人を見ているので、そういう中で自分で良い悪いという判断をしていってるんじゃないかな。エマはいい大人に恵まれているというか、それはよかったですね。あとは、アートが大きかったと思うんですよね。私自身は大学院生の時から美術の仕事を始めたんだけれど、美術に出会わなかったらこういう考え方で子育てしていなかったと思います。
文子：エマちゃんも小さい頃から描いたり作ったりしてたんですか？
礼：そうですね。私は美術を仕事にするようになって、アーティストに出会って、こんなバカみたいなことに一生懸命で、こういう人でも生きていけるんだってわかった時、まだ世の中捨てたもんじゃないなって思ったの。そして、子ども達にそういうアーティストに出会ってほしいというか、こういう人でも生きていけるんだから、あなた達大丈夫よっていうことを伝えたいなと思った。そういう人間に対する信頼があるから、子ども達に対してもわりと楽な気持ちで子育てができてきたのかもしれないって、振り返ると思いますね。今は苦しいこともたくさんあって自殺してしまう子どもも多いでしょう。でも、大丈夫よ、と言ってあげたいって思いますね。
文子：たしかに。みんな世間の理想像に自分を当てはめてがんじがらめになって「三十路にもなってお嫁にもいかないのか」とか言われてみんな失望してしまったり。鬱になったり。きっと「こうしなくちゃいけない」っていう思い込みがあって、追いつめてしまうんでしょうね。
礼：仕事をしていて大変なことはあるけれど、アーティストみたいな変わった人達と接するから、うちの会社は元気ですよ。変なストレスがないというか。社内のいじめとかもないんですよね。
文子：それはすごくラッキーなのか、礼さんが引き寄せるものというか選んできた環境なのか……環境は、やっぱり大事ですよね。
礼：そういう意味では私自身もラッキーだったなと思いますね。
文子：これは違うなっていうのは、肌感覚でわかるんですか？
礼：いろいろ分かれ道はあったけれど、いつも大変な方を選ぶようにしているかもしれない。あとは自分らしい生き方ができているか問うたりしますね。それから、仕事をしてきてよかったなと思うのは、自意識がなくなってきたことかな。自分がどうということでなく、自分が透明になるという感覚の中で仕事をしたいなと思っていますね。もちろん自分の仕事だという自覚を持ってやっているけれど、もっと広い共同性の中で仕事をしたいというか。やっぱり人間だから狭い心になったりするけれど、そういう時にできるだけ開かれていようと思っています。

文子：それってたぶん、家族の中でもお母さんとしての在り方として正解な気がします。我が強いお母さんだと、子どもが疲れちゃう。

礼：もちろんケンカもしますよ。でも、自分の考えを押し付けることが正しいとは限らないんですよね。私の方がもちろん長く生きているから、こっちの方がいいと言いたくなるし言ってしまうけれど、最後に責任を取るのは本人ですから。逆にそこまでやってしまうと自分が怖くなるっていうか。結局は他人だから最後まで守りきれないじゃない。親子とは言え他者なわけだから。だから子どもがエマでよかったというか、自分とは感じ方が全く違うからよかったと思います。子どもは世間の価値観とは違う見方をするから、子どもから学ぶことは多いですよね。そういうことがすごくいっぱいあるので、親が正しいとは思えないところもありますね。

文子：今、子育てに対してこうしておけばよかったなと思うことはありますか？

礼：エマは小さい時から『世界ふしぎ発見！』のミステリーハンターになりたいと言っていました。私もいいなと思っていたのだけれど、それと芸能界は別物と思っていて、スカウトがあっても拒否してきたんですね。だけど、どうしてもやりたいとエマが手紙を書いてきたことがあって。それでも私は大学卒業するまでダメだと言って突っぱねたんですね。それから数年して、エマが大学3年の頃にNHKで『あまちゃん』が放映されて、主人公がアイドルを目指すわけですが、それを見た時に、エマはこういうふうに自分を表現することがやりたいんだと思い至り、驚いたことがありました。自分が全くそういうことを考えたことがなかったので。結局、大学を卒業する時に自分で事務所を選んで今に繋がっているわけなんですが、もっと早く許していたらどうなっていたかなとはちょっと思いますね。結果、大学に行っていろんなことを学んだことがプラスになったかもしれないけれど、もしかしたら違った展開があったかもしれない。

文子：それは東京でよかったことですよね。私は田舎育ちだから、やっぱりいろんなバイアスがかかっていたんですよ。のびのび暮らせなかったというか。

礼：でも、自然はたくさんあったでしょう？

エマ：自然と心のそれとは違うよ。やっぱり田舎は都会より同調圧力がすごそうだよね。

文子：特にうちは、母が破天荒なんですが、そのわりにご近所付き合いを気にしてましたね。

礼：そういう意味ではうちはラッキーだったかもね。お友達にも恵まれていたし。私達がやっている芸術祭とかは〝普通〟じゃないし。ある日授業参観にいくと、その芸術祭の絵を描いているお友達がいたんです。100万枚のチューリップの花びらをヘリコプターで空から降らせるというアートプロジェクトだったのだけれど、それを小学校の2〜3年の子達が絵に描いているわけ。プロジェクトを知らない人はその絵の意味がわからなかったと思うんだけれど、それを見たっていうことがその子の人生にとって貴重な経験になったんだなと思って嬉しかったですね。一番感性が豊かな時に、親はそういう体験を子ども達にたくさんさせてあげることが重要かなと思いますね。何かを教えるというよりは、できるだけいいものを体験させてあげる。子どもは受け止める力がすごくあるし、信じられないようなすてきな感想を言ってくれて、こちらが気付くこともたくさんあるので、子どもと一緒にアートを見ることは楽しいですよ。より楽しみが広がるというか、楽しませてもらってきたなと思いますね。

文子：エマちゃんにも少し話を聞きたいな。礼さんに育てられて、どうだった?

エマ：母は仕事をしていて、すごく忙しいの。家に帰ってきても夜中まで仕事をしていて。でも朝もお弁当を作ってくれるし、普通のお母さんがやってくれることをちゃんとやってくれて。仕事がどれだけ大変でも、すごく楽しそうで、生き生きしてるから、仕事するっていいな、好きなことに携わってお金を稼ぐことはいいことなんだろうなってことを、小さい頃から見ていて思っていたから、私もちゃんと仕事をする人になりたいなって思った。だから親が仕事をしてるところを見て育ったのは良かったかな。あと弟が生まれて、母は仕事しているし、私とも7つ年が離れているから、自分も子どもだけど、母と一緒に弟を大事にして育てる感覚を持てたのも良かった。母はいつでも味方でいてくれるし安心できる存在だけど、母もひとりの人間として頑張っている。だから私も弟を大事にしなきゃっていう、弟が生まれたことで母のことをひとりの人間として捉えてふたりで育てているような感覚でした。実際に育てているのは母だけど(笑)、私もできることをやっていきたいと思えたのは、弟が生まれたから。授業参観や運動会にも行ったし、病院にも連れていったけど、それをやってあげてるとか、言われたからやってるということは一度もなくて。相手に対して求めないという感覚は、弟を育てたことで培ったかもしれない。人ってどうしても見返りを求めがちだけど、それはあまり私の中にはない感覚かもしれない。今の仕事でもおもしろいと思ったことや人を紹介しているけど、紹介したから何かしてよ、みたいな感覚はなくて、ただ自分が楽しいと思うものを表現しているだけ。弟ができたことで、母と3人で一生懸命生活しているみたいな感覚だったから、それが、ずっと楽しく続いてほしいなっていう、ギブもテイクもないフラットな感覚があったのは、よかったかなって思いますね。私、ほんとに勉強ができなかったけど、勉強しなさいと言われたこともないし、それは父親からもそうで。父親に昔「勉強しろって言う親は自分が勉強してこなかったことを後悔しているからだ」と言われたことがあって。そういうことを言わないような人になりなさいって言われたんですよね。うちの親は言わないから、その分私も親になった時にそう言わない大人にならなきゃなとも思った。あとは、子どもだからどうということがなく、ひとりの人間として接してくれたのはありがたかった。何をしてもちゃんと私の話を聞いてくれたし、もちろん悪いことも失敗もしたけど、けなされたり怒られはしなかった。すごく悪いことをした時に全く怒られなくて、そのほうがすごく反省につながったこともあったし。

文子：学びになりすぎるなあ。最近、子どもに結構怒っちゃってるから反省した。

エマ：あと自分がいいと思った映画や本を勧めてくるの。小さい頃は母が言うことは正しいと思うから見なきゃ読まなきゃって思うけど、私と母の好きなものが真逆なの。だから、あまりおもしろくなかった（笑）。でも、ある時、自分がおもしろいと思うものと母の世界観は違うんだなって気付いたんですよね。母が教えてくれなかったら自分は好きなものばかり読んでいて、わからないということの違和感も感じずに過ごしていたかもしれない。そうじゃなく、こういう世界もある、そういうことで感動することもあるっていうことが知れて良かったですね。

礼：全く違うのよね。私はわりと社会的なことに興味があるのだけれど、エマは半径一メートル内の世界というか。だけどエマがBTSや韓国ドラマや映画にハマって、そこから韓国の文化や歴史に興味を持ったりするわけだから、いろんな扉の開け方があるんだなって思いますよね。でもエマが細野晴臣が好きだと知った時はびっくりしましたね。私も高校生の時にYMOとか聴いていたから。やっぱり志向性が似ているところもあって、おもしろいなって思いますね。

エマ：ずっと一緒にいても飽きないよね。朝から晩までしゃべってる。最近は私がBTSがきっかけで、人権問題や世界の歴史に興味があるから、知らないことやわからないことを母にいろいろ教えてもらっていてすごく感謝してる。ひとつの疑問に対する答えからもっと広げて、いろんなことを教えてくれる。英語のインタビューや記事も、その場で訳してくれるし（笑）。

文子：すごくないですか、この関係性。こんな家族なかなかいないと思う。エマちゃんにとって家族が一番なコアなコミュニティなんだろうね。自分を本当に出せる場所というか。

エマ：あとね、私、弟にもちゃんと叱られる。食事の時に肘をついてたりすると(笑)。

文子：理想的な愛のかたちですよね。すてきな家族がいると、自分がいざ家族を作ろうとすると、不安にならない？　こんな家族を自分でも作れるだろうかって。

エマ：私は自己肯定感が常に高いから、いい家族を作れると思う。もし、私の自信がなくなったら、母や弟に任せたいと思う(笑)。

文子：最後に、この本を読む方に向けてメッセージはありますか。

礼：あんまり言えることはないですが……私は、もともと子どもが好きな方ではなかったんです。エマは小さい頃から子どもが好きで、あやすのも上手で、保母さんにもなりたいと言っていたくらいですが、私自身は子育てをしたいということも特に思っていませんでした。ところが、実際に子どもが生まれたら、なんて楽しいんだろうと。それはすごく思いましたね。いろんな人生があるので、子どもがいてもいなくても、それぞれ豊かに生きていけると思うのですが、私は子どもと生きてこられて良かったなと思います。もう一度自分の人生を生き直せる、という例えは変だけど、小さい時から人間はこうやって育ってきたんだなという、それぞれの時代をもう一度追体験できたのは子どもがいたからですし、すてきだなと思います。子ども自身が作っていく人間関係が、また自分の人間関係に繋がってきているのも、ありがたいですね。子育ては、瞬間瞬間は大変なこともあるけれど、それも含めて豊かさとして、愛しんでいけたらいいなと思いますね。

いかがでしたでしょうか。極私的なインタビューなわけですが、皆さんにも感じていただけるものがたくさんあったのではないでしょうか。とか一応言ってみたけど、いや〜これは本当にやってよかった〜！　私得すぎて大丈夫かなというくらいすてきなお話が聞けました。それに、なんだかすごく心強く背中を押された気がします。

エマちゃんは自分でも言っていたけれど、自己肯定感の高さというか、ブレない個があって、周りに媚びることなく、その凛とした佇まいを私は心からリスペクトしています。私は我は強いけど、実はそれを貫けず、揺れたり周りに流されたりすることも結構あるので。紗希子ちゃんから感銘を受けたのは、食べることをこんな角度から、しかも結構な熱と解像度で丁寧に感じている人がいるんだなということ。それは今までイメージしていた、所謂美食家のそれともまた違って、一緒に食事をすると自分の中にはなかった感性に触れられるのがおもしろくって。何よりも、大人になってからこんなにも心を許せる友達ができたことが嬉しい。

そんな彼女達を育て上げたお母様方と話して少しルーツを探れたことで、なぜ私がシンパシーを感じたかもわかってきました。紗希子ちゃんとマインドが似た部分があるのは、私も小さい頃からかなり自立した子どもだったこと、思春期の経験に共通点が多いからかも？　とか。紗希子ちゃん、エマちゃん、私ともに、父親の存在感においても共通する部分があるのかなとか。いまの職業においても、それぞれ育った環境がダイレクトに反映されているのも、興味深い。当たり前のことだけど、親から見た子ども像と、本人の自覚する本人像ってやっぱり違って、友人の私からすると、おそらく後者が私の受ける印象に近かったりするのも新発見でした。親からの教えの反動から成り立ったものもあるんだなとか。この考察はかなりの子育て方針の参考になりそう。いつか、父親インタビューもしてみたくなりました。〝受け継がれてゆくもの〟って確かにあるんですね。

お母様が共通しておっしゃっていたのが、〝育て方よりも、生まれ持った個性によって子どもはひとりひとり本当に違う〟

というようなこと。これにはかなり救われるものがありました。同じ育て方をしても（もちろん同じにはならないけれども）、すでに自分とも兄弟姉妹とも、人間が違うのだから、と。これを親が心に留めておくとおかないとでは全然違う気がする。子どもを思い通りにしようったってそうはいかない、という時に、この子はこの子、とありのままに受け止められたら、私も子どももヘルシーに生きられそう。おふたりの子ども達も、そうやって個性を尊重されたからこそ、こんなすてきな大人に育ったのだなぁ。もちろん実際には複雑な何かも色々あるのだろうけれど。私はうっかり厳しい教育ママになりかねない節を自分ですでに感じているので、これは心しておこうと思います。

子を成人させ社会に送り出した母達にあらためて対峙したことで、子育てには終わりの時が来るということを再確認したし、長い目で見られるようにもなりました。今の家族のこの形がいつまでも続くわけじゃない。ある時期に集まって時間や楽しみを共有したりするのが家族って、本当にそうだな。自分の子ども達と一緒に居られるのって20年あるかないかだとしたら、もう五分の一終わっている事実に驚愕。月並みな言葉だけれど、今を大切にしないとな。

最後に。おふたりとも、我が子のことを話すときの顔。愛でしかなかった。思い出しても涙が出そう。この地球上の人々、みんな母親から生まれてきたという事実に、言葉にできない感情で胸がいっぱいです。私は今、母親をやれていて、とてもありがたい。協力してくださった皆さん、ありがとうございました。

ROUND-TRIP LETTER

母と娘の往復書簡

雅子ちゃんへ

お元気ですか？あなたに手紙を書くのは、何回目になるでしょうか。きっと10回あるかないかくらいかな？

とても久しぶりですね。

あなたのもとで過ごした時間よりも、他のだれかと過ごす時間のほうが長くなってゆく中で、思うことは…

雅子ちゃんが私を見つめた時間よりも、自分で自分を見つめる時間のほうが増えて、親よりも自分のほうが自分をわかっているつもりでいるような、思いあがっているような気もする今日この頃です。

いま、私が子育てをする中で、まだ今は子ども達のことを私がいちばん知っていると思っているけれど、そのうちに彼らも自分と対話し始めて、私の知らないだれかになってゆくのかなあと思うと、子育てって本当に、尊くて切なくて、面白いですね。

私が子ども達にかける言葉や接し方、ふと、あーこれは
いつも雅子ちゃんが私に言ってたことやな、とか、そういえば
雅子もこれやってたな、とかそんな事ばかりです。
私が言っていることを、すでに娘が弟に言っていたりもして、
こうやって色々なことが受け継がれていくんだな、と日々
新鮮な発見があります。雅子ちゃんが子育てに
ハマって、4人も子どもを産んだこと、今ならすごく納得
するというか、気持ちがわかる気がするよ。
「母さんの全盛期はあなた達を育てていた頃」って
いつも言ってたね。そんなふうに思ってくれることもだけど、
思わせてあげられていたことが、なんだか産まれた時から
親孝行できていたような気さえしてきて、嬉しいです。
全然親孝行な娘ではなかったからね。笑
私はいつも、何事にもゼーハー言いながら生きているけれど、
雅子ちゃんはいつも軽やかに子育てをしていた印象です。
そんな母がいた風景は、私たちにとって、ものすごく
頼もしく、支えであり勇気となっています。有り難う。
まだまだ、長生きしてね。

文子より

文ちゃんへ

手紙ありがとう。

本棚の中にある一冊の古い手紙ファイル。
それは かつて 4人の子ども達と暮らした中で、それぞれがその時々で
呟いた言葉、手紙、作文を入れた大切なもの。

文ちゃんが覚えたばかりのひらがなで一生懸命に書いたサンタさんへの手紙。
北海道農村留学時代に書いた中3の時の手紙。
社会人となり大分を離れ、東京での忙しい暮らしの中で、時折
さりげなく出してくれた手紙。
里帰り出産を終え、東京へ戻って行った後、食卓に残してくれていた手紙。

その数々の手紙に綴られた手書きの文字の中に、文ちゃんの
成長していく姿を感じるよ。
でも昔から変わらないもの ――
それは まっすぐに物事を観て感じる柔らかな心。
その優しさは「白雪姫」の絵本を一生懸命作っていた
幼稚園の頃と少しも変わっていないね。

子ども達が太りあがるまで、ひとつ屋根の下で共に暮らした時間は、
母さんにとってこれ以上にない心豊かな時間だったよ。
どんな困難も乗り越えられる力を4人に与えてもらった。
皆んなが巣立った今、自分が若い頃は考えもしなかった事を

まわりから教わったり、この歳になって初めて気付く事が
ある時、そんな発見を少しでも伝えたくなる時があるよ。
でも普段は離れて暮らしているのに、たまにそんな話を
するとお説教っぽくなってよくないよね。
二人の子どもの母になり、頑張って自分の人生を歩んでいる文子
が、母さんの中でいつまでも小さな頃の文子でいるのは
いけないね。

口下手で要領のいい方でもなく、自分の想いが届かずに
辛い時があるかもしれないけど、そんな時は何かを
教えてもらっているのだと思うがいい。
欲を持たずに感謝の気持ちでいよう。
何事にもゼーハー言いながら生きているのも文子の良いところ。
できることなら、文子が母さんの歳になるまでずっと
見護っていたいけど。。。
まだまだ文ちゃんと話していたいから長生きするね ☺

あの手紙ファイルは、皆んなが巣立った後も手紙が加わり、
今ではパンパンにふくれあがり健在だよ。

母さんより ☺

おわりに

大切な気持ちや心の奥底で感じていることを外に出そうとすると、言葉よりも先に涙が出てしまう。今この文を書き始めただけでも喉の奥に苦しくこみ上げるものがある。そうなるとまあまあ人を不安に、心配させてしまいそうなので、人と話す時はなるべく軽やかな言葉を選ぶようにしている。思ってもいないことを話すこともよくある。そのせいで内と外が乖離して、心穏やかではいられなくなることがある。だからこの本では、その乖離がないよう、これからを生きやすくするための、リハビリのようなつもりで書きました。きっと、この本音と建前とも言える現象に慣れて、器用に使い分けた方が楽だし、それを美しさとして在れればいいけれど……心を置いてけぼりにせずに生きていたいのなら、この作業をおざなりにしてはいけないと信じて。

この本のお話をいただいたのが２０２０年の春。世界は新しいウイルスに混乱して、人と人とに距離が置かれ、あらゆるところに断絶が生まれ始めていました。私が、人に会えなくなってわかったことは、人に会いたいということでした。そして遠く離れて見えないものには、想像力を働かせ慮ることが、何よりも大切になってくるのだということも。

「でも、あのまま何もなかったと思うと、逆に怖くない？」と友人と話しました。よく恋愛などで、失って初めて気づく、というけど、本当にその通りだな。程度の差はあれ、世界中が時を同じくして悲しみを経験したことで、気づけたものは何だろな。信じていたものがこんなにも簡単に揺らいで、当たり前が失われた今、物事の本質的な部分に向き合って考え直さなければいけなくって、それってすごく体力のいることだし、苦しい。そういう時頼りになるのが心や本能といったもので、それとの対話をいつも忘れずにいれば、何事においても指針になるなと思ったりする。みんながみんな、それぞれに大切にしている心の奥のことを、思い合えたり、時に見せ合えたり、渡し合えたりしたならば、何の争いも生まれないんじゃないか、とか能天気にも思う。し、願う。

心の時代、早くきてほしい。いや、もうきてるか。みんな気づいているのに、徒然なるものに耳を傾けるにはノイズが多くって、忙しくって、大変大変。だから私はどうにかして、脳も心も、身体全体の感覚を研ぎ澄ませておきたいです。

そんな中、世情と関係のないところで、人生最悪の心持ちでこの本を書いていました。制作時間のほとんどは、暗闇の中で目を閉じただ静かに心をぐるぐるさせながら、言葉が出てくるのを待つというものでした。本当に書けなかった。普段の仕事なら、心をそんなに使わなくてもできるものも多いから、何とかやってこられたのだけど、どうにもこうにも整えられない日も多く、出版まで一年もかけてしまいました……。

でも、書いているうちに、どんどん考えがアップデートされていき、誰かに読んでもらうために書いているのに、自分がいちばん救われてしまいました。なんかすみません。悩んだわりに大した言葉にもできていないし、きっと数年後に読み返しても、この時はこんなこと言ってらぁと可笑しくなったりするのだろうと思います。でも、それでいいな。

私達はそういう揺らぎの中にいて、風に身を任せてみたり、耳をすませてみたり、手足を大きくばたつかせて逆風を起こしてみたりするのを楽しんで、そのうち必ず訪れる風の止む時、なにが見えるかを楽しみにやっていけばいいんだろうな、と思ったりします。

どうか皆さんその時まで、自分の心に優しく、ヘルシーでいてほしいなと思います。この本を読んだ人のこれからに、なにかが拓かれたら、とても嬉しいです。ありがとうございました。

青柳文子／あおやぎ・ふみこ
モデル・女優
1987年12月24日生まれ、大分県別府市出身。
独創的な世界観とセンスで幅広い世代の女性から支持を集め、雑誌、映画、ドラマ、CMなどに出演。商品プロデュースなど様々な分野で才能を発揮している。二児の母。

あか
青柳文子

2021年6月10日　初版　第1刷発行

著者　青柳文子
写真　青柳文子／松木宏祐（p.21）

発行人：星野邦久

発行元：株式会社 三栄
〒160-8461 東京都新宿区新宿6-27-30
新宿イーストサイドスクエア7F
販売部：TEL. 03-6897-4611
受注センター：TEL. 048-988-6011

印刷・製本：大日本印刷株式会社

ブックデザイン：田部井美奈／栗原瞳子（田部井美奈デザイン）
企画・編集：松本昇子／水谷素子（SAN-EI）

Printed in Japan
ISBN 978-4-7796-4291-3 C0095